José Ferrer
Xavier Caldera
Christopher Charles

Bioprocessos em ciência e tecnologia

José Ferrer
Xavier Caldera
Christopher Charles

Bioprocessos em ciência e tecnologia

Vinho tinto elaborado a partir de uvas Tempranillo utilizando bioprocessos agro-industriais com tecnologia inovadora

ScienciaScripts

Imprint

Cover image: www.ingimage.com

This book is a translation from the original published under ISBN 978-620-3-85405-3.

Publisher:
Sciencia Scripts
is a trademark of
Dodo Books Indian Ocean Ltd. and OmniScriptum S.R.L publishing group

120 High Road, East Finchley, London, N2 9ED, United Kingdom
Str. Armeneasca 28/1, office 1, Chisinau MD-2012, Republic of Moldova, Europe
Managing Directors: Ieva Konstantinova, Victoria Ursu
info@omniscriptum.com

Printed at: see last page
ISBN: 978-620-8-53360-1

Índice

RESUMO

Os vinhos tintos têm normalmente um sabor seco ou adstringente, que se deve ao seu elevado teor de taninos. Atualmente, o Centro de Viticultura de Zulia, na Venezuela, produz vinhos altamente adstringentes com um período de maceração de 72 horas. Esta investigação centrou-se em tempos de contacto de 42, 52, 62 e 72 horas, respetivamente, para determinar os níveis de adstringência através de comparações físico-químicas e sensoriais. O objetivo era identificar o tempo de contacto ideal para as uvas Tempranillo. Inicialmente, caracterizou-se o mosto de uva e o vinho tinto, medindo o Índice de Polifenóis Totais (IPT) e o Índice de Folin-Ciocalteu, que variou entre 20-50. As concentrações de taninos condensados variaram de 1-3 g/L. Além disso, foi efectuada uma análise organoléptica através da avaliação sensorial por oito provadores especializados. Os resultados mostraram que o vinho com menor adstringência foi o que teve 52 horas de tempo de contacto, apresentando um valor de taninos totais de 2,212 g/L. Recebeu também a maior aceitação na análise sensorial em relação à adstringência, tornando-o um vinho tinto adequado para comercialização.

Palavras-chave: Uva, Adstringência, Tempo de contacto, Tempranillo.

INTRODUÇÃO

Os vinhos tintos contêm geralmente uma série de compostos químicos conhecidos como polifenóis, que têm origem nos caules, peles e sementes das uvas. Estes polifenóis, que também se encontram nos legumes e nas frutas como conservantes naturais, são coletivamente designados por taninos. As moléculas de tanino são bastante complexas e, em concentrações elevadas, contribuem para uma sensação de secura no vinho, conhecida como adstringência. Isto ocorre porque, aquando da degustação, as moléculas de taninos provocam a precipitação das proteínas salivares, resultando na sensação de secura. Este efeito varia em função da produção de saliva de cada provador, tornando a perceção da adstringência nos vinhos tintos subjectiva e única para cada um.

Na Venezuela, os vinhos tintos tendem a ter altos níveis de taninos devido a um período de maceração ou contacto de 72 horas, conferindo uma sensação de secura percebida como adstringência. Este facto levou alguns produtores a misturar pequenas quantidades de vinho branco com tinto para reduzir esta sensação, que os consumidores consideram frequentemente desagradável. No entanto, esta mistura afecta as propriedades organolépticas originais do vinho tinto. Por conseguinte, esta investigação centrar-se-á na manipulação dos tempos de contacto entre o mosto e as películas das uvas durante a vinificação para observar alterações específicas na adstringência, preservando as caraterísticas organolépticas do vinho.

A maioria dos vinhos tintos são elaborados com um perfil de sabor seco e variam em densidade e adstringência. Os vinhos tintos também têm uma vida útil mais longa do que os vinhos brancos. Várias variedades de uvas são selecionadas pelas suas caraterísticas únicas, sendo que algumas se tornam "estrelas internacionais" de renome. Todas estas uvas provêm de uma espécie-mãe, a *Vitis vinifera*, utilizada desde a antiguidade para diferentes fins. As uvas contêm quantidades significativas de compostos fenólicos, principalmente derivados de sementes e peles, que são ricos em taninos. O termo "tanino" refere-se geralmente aos oligómeros e polímeros de flavonóides que contribuem para o teor fenólico destas uvas.

Na produção de vinho tinto, após o desengace, as peles, os resíduos de polpa e as sementes são misturados com o mosto para libertar taninos durante a maceração, conferindo ao vinho a cor vermelha desejada e outras propriedades organolépticas. Quando as moléculas de tanino são libertadas durante a maceração, conferem adstringência, dependendo do tempo de contacto.

O mercado atual de vinhos tintos de alta qualidade exige vinhos de cor intensa que não sejam excessivamente adstringentes. A produção destes vinhos é um desafio, uma vez que a matéria-prima, a uva, tem de estar num estado de maturação e qualidade óptimos. Sem uma maturação fenólica adequada, os vinhos tendem a ser excessivamente secos. Em alguns casos, os vinicultores procuram vinhos com cor intensa e corpo que forcem a extração de compostos fenólicos, resultando em vinhos extremamente adstringentes.

O objetivo principal deste estudo é determinar o tempo ótimo de contacto mosto-uva para produzir vinho de baixa adstringência a partir da casta tinta Tempranillo. Os objectivos específicos incluem:

1. Realização de uma caraterização físico-química do mosto de uvas Tempranillo através de diferentes tempos de contacto desde a fase inicial até à fase final.

2. Quantificação dos polifenóis totais do vinho tinto em diferentes tempos de contacto.

3. Medição dos teores de taninos no produto obtido da fermentação de uvas da casta Tempranillo em diferentes tempos de contacto.

4. Avaliação dos níveis de adstringência do vinho tinto Tempranillo em diferentes tempos de contacto através da análise sensorial.

Este estudo será conduzido em fases, cada uma alinhada com estes objectivos específicos, começando com a caraterização físico-química do mosto em tempos de contacto pré-determinados (42, 52, 62 e 72 horas), onde serão medidos os açúcares redutores, a acidez total e o pH para confirmar que o mosto está em condições óptimas para posterior análise após a fermentação. O vinho tinto será então caracterizado para observar alterações específicas nas análises subsequentes, incluindo a percentagem de ácido acético, o teor alcoólico e o SO_2 livre, para avaliar o estado do produto.

As análises mais críticas envolverão a determinação dos compostos fenólicos, tais como o Índice de Polifenóis Totais (IPT), o Índice Folin-Ciocalteu (ICC) e o teor de taninos totais. Estas análises ajudarão a estimar o nível de adstringência nos vinhos tintos, seguido de uma prova profissional para avaliar a adstringência através da análise sensorial. Assim, este estudo combina análises objectivas (físico-químicas) e subjectivas (sensoriais). Os resultados permitirão uma comparação para determinar o tempo ótimo de contacto mosto-uva, preservando o perfil global do vinho.

O estudo dos tempos de contacto e da adstringência nos vinhos tintos não tem precedentes na enologia venezuelana, o que torna esta investigação única e constitui um desafio importante, oferecendo uma contribuição valiosa para estudos futuros e representando um passo inovador na investigação científica.

CAPÍTULO 1. ENQUADRAMENTO TEÓRICO

1.1 Ciência e tecnologia alimentar

A ciência e tecnologia alimentares é um domínio interdisciplinar centrado no estudo de processos, métodos e técnicas relacionados com a produção, preservação, transformação, distribuição e consumo de alimentos. Além disso, tem como objetivo melhorar a eficiência da cadeia de abastecimento e reduzir o desperdício [1].

Este domínio é fundamental para garantir que os alimentos sejam acessíveis, seguros, nutritivos, saborosos e sustentáveis, adaptando-se aos avanços científicos e tecnológicos para enfrentar os desafios globais da produção alimentar.

Principais domínios da ciência e tecnologia alimentares:

- Composição e propriedades dos alimentos

Esta área estuda os componentes químicos e físicos dos alimentos, como as proteínas, os hidratos de carbono, as gorduras, as vitaminas, os minerais e a água. Também examina as propriedades organolépticas (sabor, textura, cor) e como estas se alteram durante o processamento [2].

- Microbiologia alimentar

Centrada nos microrganismos que afectam a qualidade e segurança dos alimentos, tais como bactérias, fungos e vírus, a microbiologia alimentar é essencial para prevenir doenças de origem alimentar, controlar a fermentação e prolongar o prazo de validade dos produtos [3, 4].

- Tecnologia de preservação

Isto inclui técnicas como a pasteurização, a congelação, a liofilização, a embalagem em vácuo e métodos de conservação que utilizam conservantes naturais ou artificiais para prolongar o prazo de validade, mantendo a qualidade dos alimentos.

- Engenharia alimentar

A engenharia alimentar aborda os processos tecnológicos utilizados na produção de alimentos em grande escala, como a extrusão, a secagem, o aquecimento e a mistura. Também envolve a conceção de equipamentos e sistemas que optimizam a produção e distribuição de alimentos [4].

- Segurança alimentar

Este domínio envolve a avaliação dos riscos e a gestão da qualidade nas fases de produção, transformação e distribuição. Inclui o controlo de contaminantes, a rastreabilidade dos alimentos e o cumprimento da regulamentação sanitária [3].

- Inovação e novos produtos alimentares

Este domínio centra-se no desenvolvimento de novos produtos ou ingredientes funcionais, tais como alimentos enriquecidos com nutrientes, alimentos à base de plantas ou alternativas aos produtos de origem animal, para satisfazer a procura dos consumidores e as tendências do mercado [1].

- Sustentabilidade e tecnologia verde

Os esforços de sustentabilidade visam tornar os processos de produção alimentar mais ecológicos, reduzindo o impacto ambiental, minimizando os resíduos alimentares e incorporando as energias renováveis na indústria alimentar [5].

Aplicações para a ciência e tecnologia alimentar:

- Melhorar a qualidade nutricional dos alimentos

Desenvolver alimentos mais saudáveis, ricos em nutrientes essenciais e com menos ingredientes nocivos, como as gorduras trans e os açúcares adicionados.

- Inovações na embalagem

A criação de embalagens prolonga o prazo de validade dos alimentos, aumenta a segurança e melhora a conveniência.

- Novas formas alimentares

Investigação de alimentos funcionais, probióticos, produtos sem glúten, produtos à base de plantas e outras opções para satisfazer as necessidades e preferências dos consumidores modernos.

- Automatização na produção

Implementação de tecnologias avançadas para aumentar a eficiência e reduzir os custos na indústria alimentar.

1.2 Ciência e tecnologia dos vinhos tintos

A ciência e a tecnologia dos vinhos tintos englobam uma combinação de disciplinas, incluindo a viticultura, a enologia, a microbiologia, a química, a física e a engenharia alimentar. Estas áreas do conhecimento centram-se nos processos de cultivo da uva, vinificação, fermentação, envelhecimento e conservação do vinho tinto, com o objetivo de melhorar a sua qualidade, sabor, aroma e propriedades sensoriais.

A ciência e a tecnologia dos vinhos tintos envolvem uma compreensão profunda dos processos biológicos, químicos e físicos que ocorrem durante a produção do vinho, desde a vinha até à garrafa. Através da investigação e desenvolvimento, os viticultores podem melhorar a qualidade do vinho, adaptar-se às tendências do mercado e aos avanços tecnológicos, e oferecer aos consumidores uma experiência sensorial única e refinada [6, 7].

Principais aspectos da ciência e tecnologia na produção de vinho tinto:

1. Viticultura (cultura da uva)

A qualidade do vinho tinto começa na vinha. Factores como o tipo de solo, o clima, a variedade de uva e as técnicas de gestão das plantas têm um impacto direto nas caraterísticas organolépticas do vinho [5].

- Variedades de uvas

Existem inúmeras variedades de uvas para vinho tinto, como Cabernet Sauvignon, Merlot, Syrah e Tempranillo. Cada uma tem um perfil de sabor único devido aos seus compostos químicos, influenciando a cor, o sabor, a acidez e o corpo do vinho [8].

- Maturação da uva

A maturidade da uva é crucial para determinar o equilíbrio entre açúcares e ácidos, que afectará o sabor final do vinho. Os viticultores devem decidir a altura ideal para a vindima com base na concentração de compostos-chave como os polifenóis (responsáveis pela cor e pelo sabor) e os taninos (que influenciam a adstringência e a longevidade do vinho).

2. Enologia (produção de vinho)

A enologia é a ciência que se centra nos processos de vinificação, incluindo a fermentação, a prensagem, o envelhecimento e o engarrafamento do vinho [9].

- Maceração

Durante a produção de vinho tinto, a maceração é o processo pelo qual o sumo de uva se encontra com as peles, sementes e caules. Este processo extrai compostos como as antocianinas (pigmentos responsáveis pela cor) e os taninos (que conferem estrutura e adstringência).

- Fermentação alcoólica

Este é o processo em que a levedura converte os açúcares presentes nas uvas em álcool e dióxido de carbono. A temperatura e a duração da fermentação são factores-chave para determinar o perfil final do vinho. As leveduras *Saccharomyces cerevisiae* são as mais utilizadas, embora possam também ser utilizadas estirpes autóctones ou selecionadas para conferir caraterísticas específicas ao vinho.

- Fermentação maloláctica

Trata-se de um processo microbiológico em que as bactérias do ácido lático convertem o ácido málico (que tem um sabor ácido e acentuado) em ácido lático (que é mais suave). Este processo suaviza a acidez do vinho, melhora a estabilidade microbiológica e acrescenta complexidade.

3. Envelhecimento e maturação

O envelhecimento do vinho tinto pode ter lugar em barris de madeira (como o carvalho francês ou americano) ou em tanques de aço inoxidável. O envelhecimento em madeira introduz compostos como lactonas, taninos, aldeídos e ésteres, que contribuem para o sabor e o aroma do vinho [10].

- Envelhecimento em barris

Durante este processo, o vinho pode adquirir notas de baunilha, especiarias, tosta e madeira, dependendo do tipo de carvalho e da duração do contacto. Para além disso, a micro-oxidação que ocorre através dos poros da madeira pode suavizar os taninos e ajudar a estabilizar a cor.

- Envelhecimento em garrafa

Após o envelhecimento em barril, muitos vinhos tintos são engarrafados e deixados a envelhecer na adega. O envelhecimento em garrafa permite que os compostos voláteis se desenvolvam, conduzindo à complexidade e maturidade do vinho. Com o tempo, o vinho "amolece", perdendo alguma da agressividade dos taninos e desenvolvendo aromas mais complexos.

4. Composição química do vinho tinto

O vinho tinto é uma mistura complexa de compostos que influenciam as suas caraterísticas sensoriais e químicas. Alguns dos mais importantes são:

- Antocianinas

Estes são os pigmentos responsáveis pela cor do vinho tinto. A sua concentração e tipo variam consoante a casta, o clima e as práticas de vinificação.

- Taninos

São compostos fenólicos presentes nas peles, sementes e caules das uvas, bem como nos barris de carvalho. Os taninos afectam a adstringência e a estrutura do vinho e contribuem para o potencial de envelhecimento do vinho.

- Ácidos

O ácido tartárico, o ácido málico e o ácido lático são os principais ácidos do vinho tinto. São eles que determinam a acidez e o equilíbrio do vinho.

- Compostos voláteis

Estes são responsáveis pelos aromas do vinho tinto. Incluem ésteres, aldeídos, álcoois e outros compostos, que desenvolvem aromas como frutos vermelhos, especiarias, tabaco, couro, entre outros.

5. Microbiologia do vinho

O controlo microbiológico na vinificação é crucial para evitar contaminações que possam alterar o sabor ou a segurança do vinho. A levedura Saccharomyces cerevisiae é utilizada na fermentação, mas outras espécies de leveduras e bactérias podem também desempenhar um papel na fermentação maloláctica.

6. Tecnologias emergentes na produção de vinho

A ciência do vinho está também a incorporar novas tecnologias para melhorar a produção e a qualidade do vinho tinto [11]. Algumas inovações incluem:

- Fermentação com temperatura controlada

Os sistemas automatizados permitem um controlo preciso da temperatura durante a fermentação, optimizando a extração da cor, dos taninos e dos aromas.

- Utilização de enzimas

As enzimas são utilizadas para melhorar a extração de compostos fenólicos durante a maceração e a fermentação, resultando em vinhos mais ricos em sabor e cor.

- Tecnologias de micro-oxigenação

Esta técnica permite simular o envelhecimento em barrica sem necessidade de madeira, acrescentando suavidade e complexidade ao vinho.

- Embalagens inovadoras

As novas tecnologias de engarrafamento, como a utilização de garrafas com materiais que controlam a oxidação ou sistemas de vedação herméticos, ajudam a melhorar a conservação do vinho.

1.3 Bioprocessos em ciência e tecnologia

Os bioprocessos em ciência e tecnologia referem-se à utilização de sistemas ou organismos biológicos para produzir produtos valiosos, tais como produtos farmacêuticos, biocombustíveis, alimentos e produtos químicos, através de processos como a fermentação, a catálise enzimática e a cultura de células. Estes processos são fundamentais na biotecnologia e são amplamente aplicados em todos os sectores [1, 2, 3, 4].

A fermentação é um processo metabólico no qual os microrganismos (tais como bactérias, leveduras e fungos) convertem substratos como os açúcares em produtos como o etanol, ácidos orgânicos e muitos produtos farmacêuticos (por exemplo, antibióticos). Este processo tem sido utilizado há séculos na produção de alimentos e bebidas e é uma pedra angular da biotecnologia industrial [8].

A tecnologia enzimática consiste na utilização de enzimas (catalisadores biológicos) em processos industriais para aplicações como o processamento de alimentos, a produção de biocombustíveis e o tratamento de resíduos lignocelulósicos. As enzimas podem acelerar as reacções, aumentar o rendimento dos produtos e reduzir o consumo de energia [12].

Os bioreactores são recipientes especializados onde os bioprocessos são realizados em condições controladas de temperatura, pH, níveis de oxigénio e fornecimento de nutrientes e substratos. Os biorreactores são essenciais para a produção em grande escala de produtos biológicos [2, 4, 5].

Os bioprocessos são também utilizados para o tratamento de resíduos, a recuperação ambiental ou a reciclagem de materiais. Isto inclui a bioremediação (utilização de microrganismos para degradar contaminantes) e o tratamento de águas residuais [5].

1.4 Aplicações para bioprocessos

Os bioprocessos são fundamentais no domínio crescente da tecnologia sustentável, uma vez que requerem frequentemente menos energia, produzem menos poluentes e dependem de recursos renováveis em comparação com os processos químicos tradicionais.

- Produtos farmacêuticos

Produção de antibióticos, hormonas (como a insulina) e vacinas.

- Biocombustíveis

Fermentação de açúcares para produzir etanol ou biodiesel.

- Alimentos e bebidas

A fermentação é utilizada na produção de iogurte, queijo, cerveja e vinho.

- Produtos bioquímicos

Produção de enzimas, vitaminas e ácidos orgânicos (como o ácido cítrico).

- Agricultura

Desenvolvimento de biopesticidas, biofertilizantes e organismos geneticamente modificados (OGM).

Esta abordagem realça a versatilidade dos bioprocessos em vários sectores, contribuindo para uma maior sustentabilidade [4].

1.5 Evolução do vinho tinto de Tempranillo

O desenvolvimento de vinho tinto feito a partir de uvas Tempranillo usando tecnologia inovadora envolve a integração de métodos tradicionais de vinificação com avanços tecnológicos que melhoram a qualidade, eficiência e sustentabilidade no processo de produção [11].

A utilização de tecnologias inovadoras na produção de vinho tinto a partir de uvas Tempranillo permite uma produção optimizada, uma melhor qualidade do produto final e uma maior sustentabilidade. Desde a seleção da uva até à embalagem e comercialização, estas inovações estão a transformar a indústria vinícola, permitindo uma maior precisão e eficiência em todas as fases da vinificação [12].

1. Seleção e gestão da uva Tempranillo

- Sensores de maturidade

Utilização de sensores e tecnologias de monitorização para avaliar o estado ótimo de maturação das uvas. Isto permite uma colheita mais precisa, garantindo que as uvas Tempranillo são colhidas no seu pico de maturidade, o que tem um impacto direto na qualidade do vinho.

- Drones e satélites

Os drones são utilizados para monitorizar as vinhas e as imagens de satélite fornecem dados sobre o clima, o solo e a saúde das plantas, permitindo uma gestão mais eficiente das culturas.

2. Inovação na fermentação

- Fermentação controlada

Os sistemas automatizados permitem um controlo preciso da temperatura, humidade e outros parâmetros de fermentação, optimizando a extração de compostos fenólicos, cores e aromas caraterísticos do Tempranillo.

- Leveduras selecionadas

São utilizadas estirpes específicas de leveduras para otimizar a fermentação, melhorando a conversão do açúcar em álcool e promovendo os perfis desejados de aroma e sabor [12].

- Fermentação em cubas de aço inoxidável com controlo automático

Esta configuração permite uma fermentação mais eficiente, mantendo um controlo preciso dos processos bioquímicos.

3. Maceração e extração melhoradas

- Maceração a frio

A maceração a frio pode ser utilizada em vez da maceração tradicional para extrair mais compostos aromáticos e de sabor sem extrair demasiado os taninos, melhorando a qualidade do vinho sem aumentar a adstringência [13].

- Maceração dinâmica

As técnicas de maceração contínua permitem uma extração mais homogénea dos compostos das películas das uvas, melhorando a cor e a estrutura do vinho.

4. Biotecnologia na produção de vinho

- Bioreactores

A produção de vinho em bioreactores, onde os nutrientes, a temperatura e o oxigénio são controlados, permite uma fermentação mais eficiente e pode melhorar o perfil de sabor do vinho [13].

- Microrganismos e enzimas específicos

A adição de enzimas e microrganismos selecionados pode acelerar certos processos, como a extração de aromas e a estabilização do vinho, sem comprometer a qualidade.

5. Maturação e envelhecimento

- Barris de aço inoxidável ou alternativas

Embora o carvalho seja tradicionalmente utilizado para o envelhecimento, algumas adegas estão a utilizar barris de aço inoxidável ou alternativas para evitar o contacto com o oxigénio e preservar o carácter varietal do Tempranillo.

- Envelhecimento em recipientes com controlo de oxigénio

Os avanços na tecnologia dos recipientes permitem um controlo preciso do oxigénio que interage com o vinho, optimizando o processo de envelhecimento e assegurando uma evolução mais previsível e controlada.

6. Sustentabilidade e tecnologia verde

- Energia solar e de biomassa

Muitas adegas estão a incorporar energias renováveis, como a solar ou a biomassa, para operar as suas instalações, tornando o processo de vinificação mais sustentável.

- Reutilização de subprodutos

A tecnologia moderna permite a utilização de subprodutos da vinificação (como peles e grainhas de uva) para criar outros produtos, como óleos, composto ou mesmo biocombustíveis [14, 15].

7. Engarrafamento e conservação

- Engarrafamento em atmosfera controlada

As tecnologias de engarrafamento que preservam as caraterísticas do vinho sem oxidação incluem sistemas que controlam a atmosfera dentro das garrafas, evitam a degradação do vinho e asseguram a sua preservação.

- Etiquetas inteligentes

Os rótulos inteligentes permitem aos consumidores saber mais sobre o vinho, incluindo a sua origem, o processo de vinificação e pormenores sobre o envelhecimento e a armazenagem [16].

8. Tecnologias de análise e controlo de qualidade

- Análise sensorial e química avançada

Tecnologias como a espetroscopia ou a cromatografia fornecem uma análise precisa do vinho, melhoram a qualidade e o perfil de sabor.

- Inteligência artificial

A inteligência artificial pode analisar grandes conjuntos de dados (clima, qualidade da uva, processos de vinificação) para fazer previsões mais exactas e permitir a tomada de decisões em tempo real durante a produção [17].

9. Comercialização e marketing

- Cadeia de blocos para a rastreabilidade

A tecnologia Blockchain garante a rastreabilidade do vinho desde a vinha até à garrafa, aumentando a confiança dos consumidores na autenticidade e qualidade do produto.

- Realidade aumentada e marketing digital

As tecnologias de realidade aumentada oferecem experiências interactivas aos consumidores, fornecendo informações sobre o processo de vinificação, as caraterísticas do vinho e sugestões de harmonização [18].

Esta abordagem inovadora permite às adegas produzir vinhos de maior qualidade com maior sustentabilidade, eficiência e envolvimento do consumidor [11].

1.6 Desenvolvimento da biotecnologia

O desenvolvimento da biotecnologia, nas suas diferentes épocas, baseia-se em bioprocessos, entre os quais se destaca a fermentação em estado sólido como técnica para promover o crescimento microbiano e a produção de metabolitos de interesse na indústria de lacticínios, na indústria de colheita de cogumelos, em bioprocessos de compostagem para a produção de fertilizantes orgânicos e em silagens para a conservação de cereais a utilizar em períodos de seca.

Os bioprocessos implementados foram realizados sob dois modos de utilização de oxigénio: aeróbio e anaeróbio, dependendo das vias metabólicas e fermentativas utilizadas pelos microrganismos para o crescimento e para a formação, através de reacções bioquímicas, dos compostos químicos de interesse nesse bioprocesso.

Das quatro grandes áreas científicas envolvidas na realização de um processo biotecnológico (Microbiologia, Bioquímica, Genética e Engenharia Química), a Engenharia Química desempenha um papel fundamental no escalonamento dos resultados a nível laboratorial para a conceção industrial, através da implementação de fenómenos de transferência de massa, transferência de calor e transferência de momento nas operações unitárias utilizadas para os pré e pós-tratamentos necessários à realização de bioprocessos em bioreactores e posterior purificação para obtenção dos produtos desejados [4, 5].

No que diz respeito às tecnologias de estado sólido, os investigadores têm concepções diferentes: quando se utiliza um substrato natural ou um substrato inerte como suporte sólido, é referido como fermentação de estado sólido. No entanto, se o substrato servir como fonte de carbono e outros nutrientes para os microrganismos, é conhecida como fermentação em substrato sólido. Quando a fermentação ocorre numa fina camada de líquido acima da superfície do substrato, é designada por fermentação de superfície.

Existe uma distinção fundamental nas caraterísticas operacionais entre a fermentação submersa e a fermentação em estado sólido, independentemente das suas formas. A fermentação submersa está altamente desenvolvida em termos de conceção de bioreactores, controlo de processos e cinética microbiana, com pontos fortes em bioprocessos baseados em bactérias e leveduras (geneticamente modificadas ou não) em meios definidos ou complexos [4, 5].

No entanto, existem limitações significativas com os grandes volumes de água utilizados e os baixos rendimentos quando se utilizam fungos em fermentação submersa para aplicações industriais. Por outro lado, embora a fermentação em estado sólido tenha pontos fracos na conceção do biorreactor, na dinâmica do fluxo, na transferência de calor, na transferência de massa de oxigénio e gás, na disponibilidade de água e oxigénio, no controlo do processo e na medição de variáveis operacionais, tem pontos fortes notáveis na utilização de meios sólidos complexos, no manuseamento de volumes de água mais pequenos, na promoção do crescimento microbiano no seu ambiente natural e na obtenção de uma elevada produtividade.

Os substratos agro-industriais têm caraterísticas físico-químicas adequadas para serem utilizados como substratos em bioprocessos. A sua composição química, caracterizada por polissacáridos como a celulose e a hemicelulose, é essencial como fonte de carbono para os microrganismos [4, 5].

Contudo, a presença de lenhina é um fator perturbador na disponibilidade destes polissacáridos para o desenvolvimento microbiano, uma vez que é um substrato recalcitrante formado por polifenóis. Consequentemente, a área de superfície para o desenvolvimento microbiano foi aumentada modificando o tamanho das partículas através de pré-tratamento mecânico e melhorando a acessibilidade dos nutrientes através de pré-tratamentos químicos e enzimáticos. O substrato ideal é aquele que fornece aos microrganismos todos os nutrientes necessários para o metabolismo celular e fermentativo. Se algum nutriente não estiver em níveis adequados, deve ser utilizado um suplemento como fonte externa [2].

A seleção de resíduos agro-industriais como substrato depende dos seguintes factores: custo, disponibilidade em quantidades adequadas para justificar uma aplicação industrial e potencial de armazenamento sem causar deterioração morfológica e microbiológica. Os substratos habitualmente utilizados incluem bagaço de mandioca, cana-de-açúcar, laranja, maçã, uva, azeitona e tomate; casca e polpa de café; farelo de trigo, palha de arroz, palha de trigo, farinha de trigo, farinha de milho, bagaço de uva; bagaço prensado na produção de óleo; resíduos da produção de vinagre; e okara (um subproduto da produção de queijo de soja) [4, 5].

Na Venezuela, o bagaço de cana-de-açúcar, a polpa de café e o bagaço de uva são os substratos agro-industriais mais utilizados para a produção de fertilizantes orgânicos, silagem, ração animal e soluções nutritivas para culturas hidropónicas. O baixo teor de cinzas e a elevada capacidade de retenção de água dos substratos de mandioca, cana-de-açúcar e uva conferem-lhes vantagens comparativas em relação a outros substratos, como a palha de arroz e de trigo. No entanto, a mandioca tem uma vantagem sobre a cana-de-açúcar, uma vez que não necessita de pré-tratamento para ser utilizada como substrato [19].

Os aspectos biotecnológicos mais importantes a considerar na conceção de bioreactores incluem os microrganismos envolvidos, a humidade e a atividade da água, a temperatura e a transferência de calor, a biomassa e a cinética de crescimento, a transferência de massa e a modelação matemática.

Os microrganismos utilizados são principalmente estirpes puras de fungos filamentosos, culturas mistas de fungos com estirpes geneticamente modificadas (para trabalhar em simbiose) e culturas mistas de estirpes autóctones isoladas dos substratos utilizados.

Entre as estirpes de fungos utilizadas, os géneros mais comuns são *Aspergillus, Rhizopus, Trichoderma, Penicillium, Gliocladium, Saccobolus, Pleurotus, Phanerochaete e Coriolus.* Por exemplo, Pandey, utilizando uma cultura mista de *Aspergillus ellipticus* e *Aspergillus fumigatus*, melhorou a atividade hidrolítica e a produção de β-glucosidase em comparação com o desempenho de cada estirpe individualmente [4].

Do mesmo modo, uma estirpe mutante de *Trichoderma reesei* com uma estirpe de *Pleurotus sajor-caju*, resultou num aumento da concentração da enzima celulase. Uma cultura mista de *Trichoderma reesei* e *Aspergillus phoenicus* também foi utilizada para aumentar a produção da enzima xilanase em comparação com a sua utilização separada [5].

A atividade da água (aw) do substrato desempenha um papel crucial na atividade microbiana, sendo um fator-chave na determinação do tipo de microrganismo que se pode desenvolver no substrato. Esta importância é atribuída ao facto de a atividade da água ser um parâmetro fundamental para a transferência de massa de água e solutos através da parede celular.

Consequentemente, o controlo deste parâmetro pode ser utilizado para modificar a produção metabólica dos microrganismos. O papel da água nestes processos é muito variado, uma vez que é o principal componente da biomassa, servindo de meio para a difusão de enzimas e nutrientes, permitindo também as trocas gasosas.

Níveis elevados de humidade no substrato (>60%) reduzem a capacidade de ação dos poros do substrato, dificultando a difusão do oxigénio. Por outro lado, uma humidade baixa (<30%) não suporta um crescimento microbiano adequado ou uma disponibilidade significativa de substrato [2, 4, 5].

Os fungos filamentosos utilizados nestes processos são geralmente mesófilos e crescem de forma óptima a temperaturas entre 29 e 35 °C. No entanto, a produção de calor metabólico durante o processo provoca um aumento significativo da temperatura e, se este calor não for rapidamente removido do meio de cultura, pode limitar seriamente o crescimento microbiano.

As estratégias de controlo da temperatura e da humidade centram-se na otimização do arejamento e da evaporação da água. O crescimento dos fungos e a produção de metabolitos secundários são influenciados pela temperatura e pelos processos de transferência de calor no leito do substrato [2, 4, 5].

Durante a fermentação em estado sólido (SSF), é gerada uma grande quantidade de calor, proporcional às actividades metabólicas dos microrganismos. No entanto, os fungos podem crescer de forma óptima a uma temperatura diferente da necessária para a formação do produto metabólico [2].

Os substratos utilizados têm baixa condutividade térmica, o que diminui a remoção de calor e aumenta a sua acumulação. Consequentemente, a maior parte da investigação é dirigida para a otimização do fluxo de calor do interior do substrato para a sua envolvente.

A determinação da biomassa e o controlo da cinética de crescimento dos fungos filamentosos são aspectos biotecnológicos que diferenciam fundamentalmente a fermentação submersa da fermentação em estado sólido.

Para a fermentação submersa, onde são utilizadas principalmente bactérias e leveduras, a determinação da biomassa e a caraterização da cinética de crescimento são efectuadas através de métodos colorimétricos e da separação mecânica da biomassa por filtração e centrifugação, uma vez que a biomassa não penetra no substrato, criando uma estrutura inseparável entre o substrato e os microrganismos [10].

Os métodos utilizados para a determinação da biomassa incluem a filtração por membrana, a medição da taxa de respiração dos microrganismos, a espetroscopia de reflectância no infravermelho, as alterações na glucosamina, no ergosterol ou nos açúcares totais na composição química dos fungos e a determinação da produção de CO_2 ou do consumo de O_2 pelos microrganismos.

A transferência de massa ocorre em dois níveis: em microescala, englobando a difusão de O_2 e CO_2, a produção de enzimas, a absorção de nutrientes e a formação de metabólitos; e em macroescala, incluindo o fluxo de ar através do substrato, tipos de substrato, mistura de substrato, design do biorreator, espaçamento entre partículas e variação do tamanho das partículas [4].

As hifas fúngicas formam uma massa na superfície do substrato e penetram nele através da secreção de metabolitos secundários e enzimas. Os gradientes de concentração entre partículas, devido ao consumo de nutrientes combinado com limitações de transferência de massa, afectam significativamente a eficiência e a taxa do processo [2, 4].

Nos casos aeróbios, o desenvolvimento do processo é afetado por limitações na disponibilidade de oxigénio. Uma vez que o crescimento micelial ocorre na superfície sólida e nos espaços vazios do substrato, o consumo de oxigénio ocorre na interface entre as partículas do substrato e as hifas miceliais dos fungos. A modelação do transporte de oxigénio entre a água e as hifas fúngicas é feita considerando as hifas fúngicas como um biofilme de organismos unicelulares [4].

A transferência de oxigénio depende da área de superfície interfacial gás-líquido e da espessura da camada húmida da hifa do fungo. Estes dois factores desempenham um papel importante na difusão convectiva de oxigénio no processo. De forma semelhante à transferência de oxigénio, a difusão de CO_2 ocorre a partir das hifas fúngicas através dos espaços vazios no substrato sólido [4].

As enzimas segregadas pelas hifas dos fungos actuam sobre o substrato orgânico complexo, convertendo-o numa fonte de carbono simples, que é utilizada pelo fungo para o seu crescimento e desenvolvimento.

A conceção e o funcionamento optimizados dos bioreactores de fermentação dependem fundamentalmente da utilização de ferramentas conhecidas como modelos matemáticos. Estes modelos envolvem principalmente dois aspectos: a influência dos parâmetros do processo na cinética do crescimento microbiano e os fenómenos de transferência de massa e calor que ocorrem dentro do biorreactor [2, 4].

Os modelos cinéticos dependem do tamanho das partículas, da densidade de empacotamento, da taxa de respiração, do tamanho dos poros das partículas do substrato, da profundidade de penetração do micélio fúngico no substrato e do teor de água do leito do substrato. Os modelos de transporte dependem da taxa de crescimento do fungo, da taxa de fluxo de ar através do leito do substrato, da altura do leito e da taxa de remoção de calor [4].

Nos processos de fermentação, os bioreactores representam o ambiente físico no qual se desenvolvem os microrganismos responsáveis pela transformação do substrato. Os aspectos biotecnológicos acima mencionados representam os factores a considerar para a conceção eficaz destes dispositivos de engenharia. Os biorreactores são classificados em biorreactores de pequena escala ou de laboratório e biorreactores de grande escala ou de escala industrial [5].

Os vários bioreactores que foram concebidos e postos a funcionar à escala laboratorial permitiram uma investigação aprofundada no domínio da fermentação. Estes foram desenvolvidos principalmente considerando a dinâmica do fluxo em leitos empacotados, utilizando a convecção forçada através do leito para fornecer o ar necessário para o metabolismo celular e aumentando as dimensões da geometria cilíndrica (Column, Zymotis, Growtek) [5].

Por outro lado, existem biorreactores em que o fluxo dinâmico é estabelecido através da rotação de tambores perfurados, com ou sem deflectores, para aumentar a transferência de calor para o exterior do biorreactor e para melhorar a mistura (Tambor Rotativo Perfurado) [5].

Atualmente, existe informação valiosa relacionada com a fermentação em estado sólido e o seu potencial para a produção biotecnológica de biomoléculas (enzimas, ácidos orgânicos, antibióticos, pesticidas, fertilizantes, combustíveis), alimentos para animais, fertilizantes orgânicos e soluções para culturas hidropónicas [5].

1.7 Fermentação submersa

A fermentação submersa é o processo utilizado na produção de vinho tinto, normalmente envolvendo a fermentação do mosto em contacto com as peles da uva para extrair compostos como antocianinas, taninos e aromas. No entanto, num contexto mais geral de fermentação submersa, podem ser considerados vários tipos de bioreactores para processos que requerem condições controladas de temperatura, oxigénio e nutrientes, como se verifica em alguns processos de fermentação industrial para a produção de produtos específicos (leveduras, compostos aromáticos) [9].

Para realizar fermentações submersas em bioprocessos em fase líquida, podem ser utilizados vários tipos de biorreactores, cada um com vantagens específicas baseadas nas necessidades do processo e nos requisitos de controlo [10]. Tipos de bioreactores para fermentação submersa em meio líquido:

1. Bioreactores descontínuos

Neste tipo de biorreactor, todos os ingredientes (como o mosto de uva) são carregados no início do processo e a fermentação é deixada a progredir sem quaisquer adições ou extracções até à sua conclusão. São simples de operar e permitem um controlo preciso das condições de fermentação (temperatura, pH, etc.). Estes reactores são normalmente utilizados em processos de pequena e média escala, mas podem ser mais lentos em comparação com os sistemas contínuos [8].

2. Bioreactores contínuos

Estes bioreactores permitem uma alimentação contínua de mosto enquanto extraem continuamente o produto fermentado. Na produção de vinho, isto pode envolver a adição contínua de mosto fresco à medida que a fermentação termina. Este sistema proporciona uma maior eficiência e um tempo de fermentação mais curto em comparação com os reactores descontínuos. São utilizados quando é necessário um fluxo contínuo de produto e a qualidade é mantida através de uma monitorização constante.

3. Bioreactores de leito fixo

Neste tipo de biorreactor, as células de levedura são retidas num leito compactado, permitindo um maior contacto entre o mosto e as leveduras sem necessidade de mistura constante. São eficientes em termos de produção e, devido à configuração do leito, permitem uma maior eficiência na utilização do oxigénio, o que pode beneficiar a fermentação. Embora menos comuns na vinificação direta, podem ser aplicados em processos de fermentação controlada para produção de leveduras específicas ou preparação de mostos para vinificação.

4. Bioreactores de transporte aéreo

Estes biorreactores utilizam um sistema de circulação de líquido através de injeção de ar, promovendo o contacto entre o mosto e as leveduras num meio líquido sem partes móveis que interfiram no processo. São especialmente úteis para processos que requerem um elevado grau de oxigenação sem agitadores mecânicos. Podem ser utilizados para a fermentação de mostos em condições controladas ou para a produção de leveduras específicas para a vinificação.

5. Bioreactores de membrana

Este tipo de bioreactor utiliza membranas semipermeáveis para separar os produtos fermentados do meio de cultura. São amplamente utilizados no bioprocessamento para produzir compostos específicos. Estes reactores permitem uma separação eficaz dos sólidos e dos líquidos, o que pode ser útil para a recuperação de produtos fermentados como o etanol ou certos compostos aromáticos. Embora não sejam normalmente utilizados na vinificação direta, podem ser benéficos nas fases de refinamento ou para melhorar a qualidade do vinho através do tratamento de subprodutos.

6. Bioreactores de tanque agitado

Este tipo de bioreactor caracteriza-se pela agitação constante do meio de fermentação, assegurando uma boa transferência de oxigénio e nutrientes entre o mosto e as leveduras. Permite um controlo preciso das condições de fermentação, como a temperatura e o oxigénio dissolvido, o que é crucial para a produção de vinho de alta qualidade. São amplamente utilizados na fermentação submersa em grande escala em processos industriais, embora na vinificação tradicional, sejam mais frequentemente utilizados para a fermentação de vinho branco ou produção de vinho espumante [10].
Factores-chave na seleção de um bioreactor:

- Controlo da temperatura

O processo de fermentação do vinho deve ser mantido a uma temperatura controlada para evitar a formação de compostos indesejáveis.

- Oxigenação

Na fermentação do vinho tinto, a oxigenação não é tão crucial como noutros processos de fermentação, mas alguns sistemas de bioreactores podem permitir um controlo adequado da transferência de oxigénio.

- Crescimento de leveduras

As leveduras são essenciais na fermentação alcoólica, pelo que o bioreactor deve proporcionar um ambiente propício ao seu crescimento e atividade.

- Extração de compostos de interesse

Na produção de vinho, o contacto com a pele é essencial para a extração de compostos fenólicos. Alguns bioreactores podem não ser adequados para manter esta fase de maceração.

Embora a fermentação submersa não seja a norma na produção de vinho tinto, existem tecnologias para modificar o processo tradicional em ambientes industriais utilizando biorreactores. Dependendo do objetivo (controlo do processo de fermentação, melhoria da extração de compostos ou produção controlada de leveduras), podem ser adaptados diferentes tipos de biorreactores para alcançar resultados específicos.

1.8 A uva

A uva é um fruto obtido da videira. As uvas, também conhecidas como bagas de uva, apresentam-se em cachos, são pequenas e doces. São consumidas frescas ou utilizadas para produzir mosto, vinho e vinagre. Crescem em cachos de 6 a 300 uvas. As uvas podem ser pretas, roxas, amarelas, douradas, violetas, cor-de-rosa, castanhas, cor de laranja ou brancas; no entanto, as chamadas uvas "brancas" são verdes e evoluíram das uvas vermelhas através da mutação de dois genes que as impedem de desenvolver antocianinas, responsáveis pela pigmentação [20].

1.8.1 Descrição da uva

As uvas (espécies Vitis) são frutos pequenos, redondos ou ovais, que crescem em cachos em videiras lenhosas, mais frequentemente da espécie Vitis vinifera na produção de vinho. Estão entre as culturas frutícolas mais importantes do mundo, cultivadas principalmente para consumo fresco, vinificação, sumo e produtos secos, como as passas.

Caraterísticas:

Cor: As uvas são tipicamente verdes (muitas vezes designadas por uvas "brancas") ou vermelhas/roxas (muitas vezes designadas por uvas "pretas"). As variações também incluem tons amarelos, cor-de-rosa e preto-azulados.

Tamanho: O seu tamanho pode variar desde bagas pequenas e semelhantes a ervilhas até bagas maiores, do tamanho do polegar, dependendo da variedade e das condições de crescimento.

Sabor: As uvas são geralmente doces, com níveis de acidez variáveis. Podem também apresentar notas florais ou almiscaradas, especialmente em certas variedades como a Moscatel.

Sementes: As uvas podem ter ou não sementes, sendo as variedades sem sementes populares para consumo fresco e as com sementes frequentemente utilizadas na produção de vinho devido aos seus compostos fenólicos.

A videira é uma planta com flor - uma angiosperma - pertencente à classe das dicotiledóneas, especificamente à subclasse com flores mais simples (*coripetáceas*) mas dentro do grupo que possui cálice e corola (*dialipétalas*), o que a torna um dos tipos mais avançados.

Planta lenhosa, a videira tem geralmente uma duração de vida muito longa, sendo comum encontrar videiras centenárias. Tem um longo período juvenil (3-5 anos) durante o qual não pode produzir flores. Em geral, os botões que se formam durante um ano só se abrem no ano seguinte.

Tem um sistema radicular que se torna impressionante com os anos, mas desenvolve-se e explora o terreno com menos meticulosidade do que a relva. O sistema acima do solo, incluindo o tronco, os ramos e os rebentos, requer muito tempo para se desenvolver; não pode ser facilmente renovado como o de uma planta herbácea. A necessidade de o manter vivo durante o inverno ou em períodos de seca torna as plantas lenhosas mais exigentes em termos de clima e fertilidade, pelo que não crescem a altitudes excessivas, demasiado perto dos pólos ou em desertos, ao contrário das gramíneas [20].

A videira é um arbusto constituído por raízes, tronco, canas, folhas, flores e frutos. Sabe-se que, através das raízes, a planta se sustenta absorvendo a humidade e os sais minerais necessários, e que o tronco e as canas são apenas veículos de transmissão por onde circula a água com componentes minerais. A folha, com as suas múltiplas funções, é o órgão mais importante da videira. As folhas são responsáveis pela transformação da seiva bruta em seiva elaborada e são as executoras das funções vitais da planta: transpiração, respiração e fotossíntese. É nelas que, a partir do oxigénio e da água, se formam as moléculas de ácidos, açúcares, etc., que se vão acumular na uva, moldando o seu sabor. Essa substância esverdeada chamada clorofila é responsável por captar a luz solar suficiente para realizar todos esses processos [20].

Em março, quando o calor começa a fazer-se sentir, a seiva começa a mover-se e dá-se o chamado "choro" da videira, que se exprime através do fruto. O fruto começa por ser muito verde, pois está saturado de clorofila, e a partir daqui toda a planta começa a servir o fruto, que vai crescendo gradualmente.

A uva verde não madura contém uma grande quantidade de ácidos tartárico, málico e, em menor grau, cítrico. O teor destas substâncias depende em grande medida do tipo de casta de que provêm e as condições geoclimáticas, como a luz, a temperatura e a humidade, são determinantes para a formação dos ácidos orgânicos.

O momento em que a uva muda de cor chama-se "veraison". De verde, passa a amarelo se for uma variedade branca e a vermelho claro, que escurece, se for uma variedade tinta.

Durante o processo de maturação da uva, os ácidos dão lugar aos açúcares provenientes da atividade frenética das folhas, graças à fotossíntese.

Os troncos da videira também contribuem para a doçura da uva, pois actuam como acumuladores de açúcar. Por esta razão, as vinhas velhas podem fornecer um fruto mais consistente e uma qualidade mais estável. Agora, centrando-nos no fruto, é importante fazer uma primeira distinção entre o "engaço", ou seja, a parte lenhosa que forma a estrutura do cacho, e a uva propriamente dita [20].

O pedúnculo, embora logicamente não seja a parte fundamental do fruto, é importante porque pode contribuir com ácidos e substâncias fenólicas (taninos) consoante a sua participação ou não nos processos de fermentação.

A uva propriamente dita pode ser dividida em três partes, cada uma com uma contribuição específica de caraterísticas e componentes: a pele, a polpa e as sementes. A pele, também chamada de casca, contém a maior parte dos componentes corantes e aromáticos dos vinhos.

A polpa contém os principais componentes do mosto (água e açúcares), que serão posteriormente transformados em vinho através da fermentação. As grainhas, localizadas no interior da polpa, variam consoante a casta, podendo algumas uvas nem sequer as conter. Têm uma camada exterior muito dura e fornecem taninos ao vinho [20].

1.8.2 Composição da uva.

O quadro 1.1 apresenta a composição química da uva e o quadro 1.2 apresenta a composição mineral e vitamínica da uva [20, 21].

Quadro 1.1 Composição química da uva

Compostos	Uva fresca	Passas de uva com sementes	Mosto de uva
Água (g)	80,5	16,57	85
Energia (kcal)	71	296	40
Gordura (g)	0,58	0,54	0,1
Proteína (g)	0,66	2,52	2,5
Hidratos de carbono (g	17,7	78,47	8
Fibra (g)	1	6,8	0

Quadro 1.2 Composição química dos minerais e vitaminas das uvas

Compostos	Uva fresca	Passas de uva com sementes	Mosto de uva
Potássio (mg)	185	825	110
Sódio (mg)	2	28	0,8
Fósforo (mg)	13	75	10
Cálcio (mg)	11	28	10
Magnésio (mg)	3	30	12
Ferro (mg)	0, 26	2,59	0,3
Zinco (mg)	0,05	0,18	0,05
Vitamina A (UI)	73	--	--
Vitamina B1 (mg)	0,092	0,112	0,09
Vitamina B2 (mg)	0, 057	0,182	0, 2
Vitamina B6 (mg)	0, 110	0,188	0,08
Vitamina C (mg)	10,8	5,4	5,4
Vitamina E (mg)	0, 700	0, 700	0, 700
Folato (mcg)	4	3	--
Niacina (mg)	0. 300	0, 5	0,2

1.8.3 Variedades de uvas tintas

- Merlot: Entre as variedades de uvas para vinho, esta é uma das mais reconhecidas mundialmente.

Aspeto: Este vinho apresenta uma cor rubi intensa com laivos violáceos. A cor varia consoante a região de produção, com algumas zonas a produzirem vinhos mais escuros e outras mais claras e límpidas.

Aroma: Os aromas caraterísticos destes vinhos incluem frutos vermelhos, como groselhas, amoras e cassis, bem como flores vermelhas, tabaco, cereja, violeta, trufa e couro. Os aromas primários - aqueles elementos frescos e frutados que definem o carácter distintivo do vinho - incluem pimenta, trufas, violetas e couro.

Sabor: No paladar, este vinho é menos tânico do que variedades como o Cabernet Sauvignon. É macio, carnudo e frutado, com sabores de ameixa, passas, mel e menta. Pode ser muito agradável quando jovem, uma vez que não contém um elevado teor de taninos [20].

- Cabernet Sauvignon: Esta variedade é, sem dúvida, a mais importante de todas as variedades de vinho a nível mundial.

Aspeto: Este vinho apresenta cores muito escuras, com vermelhos intensos e vibrantes como o rubi ou tons de groselha.

Aroma: Os aromas primários incluem pimenta doce e preta, caixa de cigarros, groselhas, cedro, côco, bagas e amoras. Os aromas definidores do Cabernet Sauvignon incluem pimenta, violetas, trufas, cedro e couro.

Sabor: Os aromas incluem pinho, abeto, cedro, grafite, chocolate e azeitonas pretas. Ao longo do tempo, este vinho sofre transformações que aprofundam o seu aroma e melhoram o seu paladar e estrutura [20].

- Malbec: Esta variedade é considerada a uva tinta por excelência no mundo.

Aspeto: Apresenta cores tão intensas e escuras que podem, por vezes, parecer negras, com tonalidades de cereja ou vermelho-marrom.

Aroma: Os aromas primários incluem cerejas, ameixas, café, chocolate, couro, trufa e baunilha.

Sabor: No paladar, os vinhos Malbec revelam sabores de compota de ameixa, cereja em conserva, chocolate, frutos secos, baunilha e notas balsâmicas. Estes vinhos são quentes, suaves e caracterizados por uma agradável presença de taninos doces [20].

- Syrah: Esta variedade está ganhando destaque na região de Cuyo, produzindo vinhos de reconhecida qualidade e um futuro promissor para esta variedade argentina no cenário mundial.

Aspeto: Os vinhos Syrah apresentam cores muito escuras e intensas, como o vermelho framboesa ou o violeta profundo, que são especialmente proeminentes na juventude do vinho. Com o tempo, o vinho envelhece excecionalmente bem e resiste à oxidação de forma notável.

Aroma: Oferece aromas deliciosos como coco, figos, frutos secos, grafite, baunilha e violetas. Os aromas primários incluem couro, trufas e violeta.

Sabor: Os vinhos Syrah têm um teor significativo de taninos que os torna muito agradáveis e fáceis de beber. Os sabores dominantes incluem framboesa, ameixa, cassis e alcatrão. Tal como o Merlot, o Syrah é um vinho quente e suave com taninos abundantes que aumentam o seu atrativo [20].

- Pinot Noir: Esta casta é uma das mais selecionadas a nível mundial para a produção de vinhos varietais.

Aspeto: Quando jovem, apresenta cores vivas como o vermelho, o rubi violeta ou, nalguns casos, o violeta. À medida que envelhece, o vinho adquire tonalidades mais alaranjadas, aproximando-se eventualmente do ocre nas colheitas mais antigas.

Aroma: Os aromas caraterísticos incluem frutos vermelhos e pretos, como cereja, amora, framboesa, ameixa, canela, coco e erva. Os seus aromas primários são definidos por groselha preta, trufa e erva.

Sabor: No paladar, o Pinot Noir tem baixo teor de taninos e acidez, o que permite uma expressão mais clara de sabores como morango, mirtilos, ameixas, cerejas, rosas, anis e couro. Embora a produção desta casta seja limitada no nosso país, a sua qualidade é excecional [20].

- Tempranillo: Esta casta de origem espanhola é a pedra angular dos vinhos tintos no seu país de origem. Embora a sua presença global tenha sido limitada, o seu papel tradicional na produção de vinhos simples e de mercado de massas está a mudar para a produção de vinhos de alta qualidade.

Aspeto: Os vinhos de Tempranillo são complexos e elegantes, com uma cor agradável.

Aroma: Caracterizado por frutos silvestres, complementado por notas de tabaco, café, cacau e frutos secos.

Sabor: Esta casta é rica em taninos, o que resulta frequentemente em vinhos adstringentes. No entanto, quando misturada com outras castas, pode dar resultados notáveis [20].

1.8.4 A casta Tempranillo

A Tempranillo, também conhecida como Cencibel, é uma casta tinta muito cultivada para a produção de vinhos tintos encorpados em Espanha, o seu país de origem. Ocupa 31.046 hectares, representando 61% da área de vinha da D.O. Calificada Rioja, com um crescimento progressivo nos últimos anos em detrimento de outras castas. É considerada autóctone de Rioja e é a principal casta utilizada nesta região. Muitas vezes referida como a uva nobre de Espanha, o seu nome deriva da palavra espanhola temprano (cedo), referindo-se à sua maturação mais precoce em comparação com a maioria das outras castas tintas espanholas. Recentemente, foi descoberta uma mutação branca desta variedade, o tempranillo blanco.

1.8.4.1 História da casta Tempranillo

Até há pouco tempo, suspeitava-se que a casta Tempranillo estivesse relacionada com a casta Pinot Noir, mas estudos genéticos recentes rejeitaram essa possibilidade. O cultivo espanhol da *Vitis vinifera*, o antepassado comum da maioria das videiras modernas, começou cedo com as povoações fenícias nas províncias do sul da Península Ibérica. Mais tarde, como observou o escritor romano Columella, o cultivo da uva espalhou-se por toda a Espanha. No entanto, existem poucas referências históricas ao nome Tempranillo. Tal pode dever-se ao facto de, em muitas regiões, como Valdepeñas, ter sido considerada a principal variedade autóctone e assumida como única [20].

Uma menção histórica desta uva encontra-se no Libro de Alexandre (século XIII), referindo-se à região de Ribera del Duero:

"Lá, encontraríamos homens com *cardeniellas* finas e as superiores chamadas *tempraniellas.*"

Até ao século XVII, as vinhas de Tempranillo estavam em grande parte confinadas à Espanha continental, onde prosperavam nos climas mais frios das províncias do norte. Historicamente, as regiões de Rioja e Valdepeñas deram prioridade à Tempranillo como a sua casta mais importante e, atualmente, continua a ser a principal uva dos seus vinhos emblemáticos. A uva foi introduzida no continente americano, possivelmente sob a forma de sementes, pelos colonos espanhóis no século XVII. Manteve em grande parte a sua identidade genética, assemelhando-se muito aos seus antepassados espanhóis.

Devido à sua elevada sensibilidade a doenças e pragas - particularmente à filoxera, que devastou as vinhas no século XIX e continua a representar uma ameaça - as vinhas espanholas de Tempranillo são frequentemente enxertadas em porta-enxertos mais resistentes. Isto resultou num estilo ligeiramente diferente em comparação com os cultivados atualmente em regiões como o Chile e a Argentina. Apesar da sua aparente fragilidade, a Tempranillo difundiu-se amplamente ao longo do último século. Depois de muitas tentativas e erros, estabeleceu-se num número surpreendente de países em todo o mundo [22].

Em 1905, Frederick Bioletti introduziu a Tempranillo na Califórnia, onde inicialmente enfrentou resistência - não só devido ao início da Lei Seca, mas também devido às dificuldades da uva em climas quentes e secos. Foi só na década de 1980 que a Califórnia começou a produzir com sucesso vinhos à base de Tempranillo, estabelecendo uvas em áreas montanhosas adequadas. Desde 1993, a produção nesta região mais do que duplicou.

A casta Tempranillo está atualmente a passar por um renascimento na produção vinícola mundial. Este ressurgimento deveu-se, em parte, aos esforços de uma *nova vaga* de produtores espanhóis que demonstraram que era possível produzir vinhos de grande carácter e qualidade fora de Rioja. Um dos resultados foi o aumento da prevalência de vinhos varietais de Tempranillo, especialmente nas regiões mais frescas e adequadas de Espanha, como Ribera del Duero, Navarra e Penedès. Na última década, a Tempranillo foi plantada em locais distantes como a Austrália, os Estados Unidos e a África do Sul [20, 22].

1.8.4.2 Compostos fenólicos do vinho tinto

Os compostos fenólicos das uvas desempenham um papel crucial na determinação da adstringência e da cor dos vinhos tintos. A investigação extensiva em enologia centra-se nos compostos fenólicos para melhorar a qualidade do vinho e investigar as suas propriedades nutricionais e farmacológicas [23].

Do ponto de vista químico, os compostos fenólicos são caracterizados por um anel aromático que contém um ou mais grupos hidroxilo. São classificados em compostos não flavonóides e flavonóides. As uvas contêm compostos não flavonóides na polpa, na pele, nas sementes e nos caules, enquanto os compostos flavonóides se encontram predominantemente na pele, nas sementes e nos caules. Os flavonóides influenciam significativamente a cor, a estrutura e o potencial de envelhecimento do vinho [24].

1.8.4.3 Não flavonóides

Esta categoria inclui os ácidos fenólicos, que se dividem em ácidos benzóicos e ácidos cinâmicos, bem como os estilbenos. Estes compostos não contribuem para o sabor, mas influenciam a cor e o aroma [25].

1.8.4.4 Flavonóides

Os flavonóides são caracterizados por um esqueleto de 15 carbonos (C6-C3-C6) com uma estrutura de 2-fenil-benzopirano. Para efeitos de estudo, estão divididos em quatro famílias: flavanonóis e flavonas, flavanóis - incluindo taninos condensados ou procianidinas - e antocianinas.

1.8.4.5 Flavanóis

Os flavanóis formam um grupo complexo de compostos fenólicos. Estão presentes em concentrações elevadas nas uvas e desempenham um papel significativo nas propriedades organolépticas do vinho, tais como a cor, o corpo, a estrutura e a adstringência. Os flavanóis são constituídos por formas isoméricas de catequinas e seus polímeros, conhecidos como taninos [26, 27].

Tanto os monómeros de flavanol como as procianidinas apresentam uma clara tendência para polimerizar. A polimerização linear das procianidinas resulta em vinhos com tons mais amarelados, maior adstringência e menor amargor. No entanto, à medida que a polimerização aumenta, as moléculas tornam-se menos solúveis e tendem a precipitar. Para quantificar os taninos condensados, Ribéreau-Gayon e Stonestreet desenvolveram o método dos taninos totais em 1966 [26].

1.8.5 Polifenóis totais

Os polifenóis são constituídos por uma ou mais moléculas de fenol e contribuem significativamente para as caraterísticas organolépticas do vinho, como a cor e a adstringência. Os vinhos brancos contêm menos polifenóis do que os vinhos tintos, porque o seu processo de produção exclui a maceração com as películas e os sólidos da uva, que são as principais fontes de polifenóis. Os principais métodos de medição dos polifenóis são o índice de Folin-Ciocalteu (FCI) e o índice de polifenóis totais (TPI) [27].

1.8.6 Taninos

Os taninos são compostos polifenólicos solúveis em água, muito adstringentes e amargos. Criam uma sensação de secura nas membranas mucosas da boca. Esta propriedade, conhecida como adstringência, é também a razão pela qual algumas plantas são descritas como adstringentes. Os taninos encontram-se normalmente nas raízes, cascas, frutos e folhas das plantas, embora em concentrações mais baixas. A nível nutricional, os taninos são considerados substâncias antinutricionais, uma vez que concentrações elevadas podem inibir a absorção de certos nutrientes, como o ferro [28, 29, 30, 31, 32].

Os taninos dividem-se em hidrolisáveis e condensados. Industrialmente, as suas propriedades têm sido exploradas para o curtimento do couro, removendo a água das fibras musculares. Quimicamente, os taninos são metabolitos fenólicos secundários das plantas, não nitrogenados, solúveis em água, mas insolúveis em álcool ou solventes orgânicos. Os alimentos ricos em taninos são facilmente identificáveis devido à sensação de aspereza, secura e amargor que provocam na língua e nas gengivas. Embora os taninos tenham benefícios para a saúde, também podem reduzir a absorção de nutrientes [33].

Os taninos estão particularmente associados ao vinho tinto, uma vez que estão presentes na casca da uva e contribuem significativamente para os benefícios desta bebida para a saúde. Acredita-se que o consumo moderado de vinho tinto ajuda a prevenir doenças cardiovasculares devido ao seu teor de taninos. No entanto, os taninos também estão presentes noutros alimentos, como o chá, o café, os espinafres, as passas e alguns frutos, como a romã, o dióspiro, o marmelo e a maçã.

A fórmula aproximada dos taninos, $C_{14}H_{14}O_{11}$, é apenas uma representação aproximada, uma vez que os taninos são polímeros complexos. São classificados em dois tipos com base na sua via de biossíntese e propriedades químicas:

- **Taninos condensados (proantocianidinas)**: São polímeros de um flavonoide chamado antocianidina. Encontram-se habitualmente em madeiras lenhosas [34].

- **Taninos hidrolisáveis**: São polímeros heterogéneos formados por ácidos fenólicos, especialmente o ácido gálico, e açúcares simples. São mais pequenos do que os taninos condensados e hidrolisam-se mais facilmente, necessitando apenas de ácido diluído. A maioria tem uma massa molecular entre 600 e 3.000.

Os taninos são essenciais para a longevidade e a qualidade dos vinhos tintos. Extraídos das películas das uvas durante a fermentação do mosto e também contribuídos pelos barris de carvalho, os taninos determinam o potencial de envelhecimento de um vinho. No entanto, o excesso de taninos é frequentemente rejeitado pelos consumidores, especialmente pelas mulheres. Os vinhos demasiado tânicos podem provocar uma sensação desagradável de secura na boca, uma caraterística comummente designada por *boca de bêbedo*.

A intensidade dos taninos atenua-se com o tempo, à medida que o vinho amadurece em barris, normalmente de carvalho francês ou americano. O excesso de taninos resulta em vinhos demasiado adstringentes, ásperos e pesados, o que pode diminuir a elegância e o prazer de beber um copo de vinho.

Nos vinhos brancos, onde o mosto não é fermentado em contacto com as películas das uvas, os taninos não são extraídos, o que explica a sua ausência nestes vinhos. Esta diferença fundamental sublinha a razão pela qual os taninos são uma caraterística distintiva do vinho tinto [35].

1.8.7 Adstringência

A adstringência é uma sensação tátil descrita como secura na boca causada por uma redução da lubrificação na cavidade oral. Em 1989, a American Society for Testing and Materials definiu a adstringência como um "complexo de sensações que inclui secura e aspereza no epitélio devido à exposição a substâncias como o alúmen ou os taninos" [36].

A adstringência também pode ser definida como um complexo de sensações, que pode ser ainda subclassificado. Foram utilizados grupos de discussão sensorial para estabelecer a terminologia relacionada com a adstringência. Foram definidos vários termos para descrever as sensações experimentadas ao provar alúmen, ácido tânico e ácido tartárico. Estes termos incluem secura, rugosidade e aspereza. Além disso, descritores como intensidade e persistência são utilizados para definir aspectos relacionados com a adstringência [37].

A perceção da adstringência desempenha um papel crucial na aceitação de muitos alimentos. Em enologia, é um elemento essencial da análise sensorial, definindo significativamente a qualidade do vinho. A adstringência é um processo altamente dinâmico que evolui durante a ingestão, especialmente após a deglutição ou expetoração [37]. Também se intensifica com goles repetidos, particularmente se o tempo entre eles for reduzido. O aumento da adstringência com a ingestão repetida permanece inalterado mesmo depois de permitir que a mucosa oral "descanse", muitas vezes através da lavagem com água, pectina ou outros agentes durante 5-10 segundos. Este facto realça a importância de uma análise sensorial cuidadosa para ter em conta os potenciais efeitos de fadiga nos provadores [38].

A adstringência nos vinhos tintos pode manifestar-se de forma intensa ou subtil. Assim, os provadores devem ser treinados para garantir a reprodutibilidade e distinguir entre as diferentes intensidades dos compostos adstringentes nos vinhos tintos [39]. Os provadores experientes utilizam termos descritivos específicos para relacionar as diferentes nuances da adstringência. No entanto, tal como acontece com outros atributos sensoriais, a perceção da adstringência varia significativamente entre indivíduos [39].

O mecanismo de perceção da adstringência ainda não está totalmente elucidado. Alguns estudos sugerem que a sensação é uma resposta dos nervos gustativos. Outros descrevem-na como uma sensação tátil induzida quimicamente em áreas orais desprovidas de receptores gustativos [40]. Mais especificamente, poderia ser uma sensação tátil sentida pelas papilas filiformes inervadas pelo nervo trigémeo.

Uma vez que a adstringência não se limita a uma região específica da boca ou da língua, é percepcionada como um estímulo difuso e requer tempo para se desenvolver. É geralmente aceite que a adstringência surge quando as proteínas lubrificantes salivares precipitam como complexos tanino-proteína, reduzindo a lubrificação. A presença destes precipitados na língua e no palato contribui provavelmente para a sensação de secura em toda a boca. Além disso, o material adstringente residual em solução pode contribuir para o amargor ao interagir com os receptores gustativos, pelo menos em alguns casos [40].

A adstringência pode ser causada por várias substâncias, incluindo metais (particularmente sais de alumínio), agentes desidratantes (como o etanol), ácidos minerais e orgânicos, açúcares e compostos fenólicos. Nos vinhos tintos, no entanto, a perceção da adstringência é influenciada principalmente pelos compostos fenólicos exclusivos de cada vinho [41].

A adstringência sentida durante a prova do vinho resulta da formação de complexos entre os polifenóis do vinho e um grupo de proteínas presentes na saliva. Estas proteínas, principalmente as proteínas ricas em prolina (PRPs), associam-se aos taninos através de ligações de hidrogénio e interações hidrofóbicas [42]. Além disso, a depleção de mucina da mucosa oral contribui para a perda de lubrificação.

1.8.7.1 Proteínas salivares

Muitos estudos referem-se geralmente às proteínas salivares quando discutem o fluxo de saliva, propondo que a intensidade máxima de acidez e o fluxo salivar diminuem com o aumento da doçura (concentração constante de ácido). Sugerem que os fluxos salivares são determinados tanto pelo processo cognitivo de resposta ao sabor como pelos estímulos de concentração [43, 44].

Relativamente à intensidade e à persistência da adstringência, propõe-se que os indivíduos com baixo fluxo salivar sintam a adstringência mais intensamente e durante mais tempo do que os indivíduos com um fluxo salivar elevado. Os provadores com um fluxo salivar elevado sentem primeiro o amargor, seguido da adstringência, enquanto que os provadores com um fluxo salivar mais baixo sentem a adstringência mais cedo. Outros estudos que utilizam alimentos não demonstram diferenças na perceção entre homens e mulheres, mas concluem que existe uma correlação entre o fluxo salivar e a perceção da textura [45].

1.8.7.2 Factores que influenciam a sensação de adstringência

Alguns componentes do vinho têm uma capacidade adstringente, quer diretamente, quer porque afectam indiretamente a perceção da adstringência. A perceção da adstringência também é influenciada pelo fluxo de saliva e pela composição da saliva de cada indivíduo [46, 47].

Os flavonóis (taninos) têm uma forte capacidade de provocar adstringência, mas diferem entre si. Os taninos extraídos das películas das uvas reagem menos com as proteínas do que os das grainhas e dos engaços. Esta diferença reside não só na galoilação das procianidinas das sementes, mas também no seu grau de polimerização, que varia consoante a maturidade da uva. O equilíbrio tânico do vinho tinto depende de uma relação harmoniosa entre os taninos das sementes e os das peles.

No entanto, existe um risco elevado de adstringência excessiva se os taninos das sementes dominarem, enquanto o amargor é típico da dominância dos taninos extraídos da pele, especialmente se a uva não estiver suficientemente madura. Os estudos que analisaram as interações entre as proteínas salivares e os taninos de sementes utilizaram técnicas como a tiólise para a análise da procianidina, bem como a avaliação das proteínas precipitadas e do sobrenadante [42].

Estes estudos concluíram que os taninos de sementes altamente polimerizados precipitam juntamente com as proteínas, enquanto os taninos de baixo peso molecular permanecem em solução. À medida que os vinhos evoluem, contêm menos antocianinas livres e mais antocianinas combinadas, muitas das quais se ligam aos flavanóis, resultando numa adstringência reduzida. No caso dos vinhos envelhecidos, o equilíbrio entre os polifenóis deve ser cuidadosamente considerado antes do envelhecimento em barril.

A madeira liberta taninos hidrolisáveis, que também podem afetar a adstringência do vinho. Este processo deve ocorrer para que a adstringência não aumente excessivamente no momento em que o vinho é retirado do barril. A investigação conclui que todos os PRP (ácidos, básicos e glicosilados) têm uma elevada capacidade de se ligarem aos taninos hidrolisáveis, mas exibem uma gama estreita de afinidade, dependendo do número de unidades de galoil, da esterificação e do grau de polimerização destes taninos [48].

Outros componentes do vinho que influenciam a perceção sensorial da adstringência e do amargor incluem o pH, a concentração de etanol, a presença de glicerol e os polissacáridos, que afectam a viscosidade do vinho [42].

Os estudos sobre a adstringência em relação ao pH são variados. Muitos baseiam-se na análise sensorial, referindo-se à intensidade e duração da adstringência. Todos concluem que a adstringência depende do pH. Bate-Smith (1954) colocou a hipótese de que os ácidos poderiam precipitar as proteínas salivares ou causar alterações conformacionais na saliva, reduzindo a lubrificação. Foram propostas duas hipóteses: uma baseada na contribuição direta dos protões e a outra na capacidade de ligação de hidrogénio dos grupos hidroxilo no anião ou no ácido não dissociado [20].

A análise sensorial de soluções-modelo investigou a influência dos ácidos lático e málico na adstringência. Concluiu-se que a diminuição do pH aumenta a intensidade e a duração da adstringência, embora não tenham sido observadas diferenças quando a redução do pH resultou da adição de ácido málico ou lático.

Experiências em soluções modelo contendo compostos fenólicos (grainha de uva, ácido tânico, catequina e ácido gálico) com concentrações variáveis de ácidos málico, lático, cítrico ou clorídrico mostraram que a adição de ácido aumentava sempre a perceção da adstringência. Pelo contrário, a adição de alúmen reduziu a capacidade de interação dos polifenóis com as proteínas salivares.

Outros estudos comparando soluções modelo e vinho tinto (usando concentrações de taninos como as do vinho tinto) mostraram que a diminuição do pH tem um impacto diferente na adstringência do vinho tinto em relação às soluções sintéticas. Este comportamento foi atribuído à elevada capacidade tampão do vinho tinto, exigindo uma maior adição de ácido para baixar o pH em comparação com as soluções modelo. Resultados semelhantes foram observados em estudos com ácidos orgânicos, enquanto os ácidos inorgânicos mostraram que o ácido clorídrico aumenta significativamente a adstringência [20].

A redução da adstringência foi observada na presença de etanol, explicada como uma perda de adstringência devido ao aumento da lubrificação na mucosa oral. Outros estudos sugerem que o etanol, juntamente com outros componentes, contribui para a viscosidade do vinho, reduzindo a adstringência por ação física [49]. No entanto, análises sensoriais subsequentes concluíram que o etanol aumenta o amargor enquanto suprime a adstringência induzida pelos polifenóis [50, 51, 52].

1.8.8 Tempo de contacto obrigatório com a pele

Refere-se ao período de maceração durante o qual o mosto permanece em contacto com as películas das uvas para extrair cor, aroma e outros componentes. É uma das fases mais críticas do processo de vinificação, pois determina a qualidade sensorial do produto final [52].

1.8.9 Fermentação alcoólica

A fermentação alcoólica é o processo pelo qual os açúcares presentes no mosto de uvas são convertidos em álcool etílico. As leveduras, que são fungos microscópicos naturalmente presentes nas películas das uvas (na camada esbranquiçada conhecida como "pruína"), são essenciais para este processo. O oxigénio desempenha um papel crucial no início da fermentação, uma vez que é necessário para o crescimento das leveduras. No entanto, no final da fermentação, a presença de oxigénio deve ser mínima para evitar a perda de etanol e a formação de ácido acético ou acetaldeído.

A reação simplificada para a fermentação alcoólica é:

Açúcares + Leveduras → Álcool Etílico + CO_2 + Calor + Outras Substâncias

A fermentação alcoólica é um processo exotérmico, o que significa que liberta energia sob a forma de calor. O controlo da temperatura é fundamental durante a fermentação; se a temperatura subir demasiado (25-30°C), as leveduras podem começar a morrer, interrompendo o processo de fermentação [20].

1.8.10 Teor de álcool

O vinho é uma bebida moderadamente alcoólica. O álcool do vinho resulta do processo natural de fermentação, que depende do teor de açúcar das uvas. Cada 17,5 gramas de açúcar produzem aproximadamente um grau de álcool, ou seja, 1% de álcool por volume. O principal álcool do vinho é o etanol ou álcool etílico.

Os vinhos tintos variam tipicamente entre 5% e 15% de álcool, enquanto os vinhos brancos e rosés se situam normalmente entre 6,5% e 7,5%. A análise do teor alcoólico de um vinho é crucial, uma vez que determinar os níveis de álcool apenas pelo sabor é um desafio. São utilizados vários métodos para esta análise [20].

1.8.11 Graus Brix

Os graus Brix (símbolo °Bx) medem a concentração total de sacarose num líquido. Por exemplo, uma solução com 25 °Bx contém 25 gramas de açúcar (sacarose) por 100 gramas de líquido (25 gramas de sacarose e 75 gramas de água em cada 100 gramas de solução). Os graus Brix são medidos com um sacarímetro (medidor de gravidade específica), refratómetro ou Brixómetro.

No momento da receção do mosto, as adegas efectuam vários testes, incluindo a determinação dos níveis de açúcar com um refratómetro ou brixómetro. Para os vinhos tintos, os níveis de açúcar são normalmente mantidos entre 17 °Bx e 20 °Bx, o que equivale a 10 %-11% de álcool. Se o mosto não atingir os níveis de Brix exigidos, pode ser adicionado açúcar adicional, particularmente para os vinhos brancos, enquanto que a correção do açúcar não é efectuada para os vinhos tintos [44].

A escala Brix mede a concentração de sólidos solúveis (principalmente açúcares) numa solução aquosa e é frequentemente utilizada para determinar o teor de açúcar nas uvas ou no mosto de vinho. A fórmula para calcular o Brix é normalmente baseada na gravidade específica do líquido, mas também pode ser calculada por medição direta utilizando um refratómetro.

Versão simplificada da tabela de cálculo do grau Brix baseada na relação entre a gravidade específica e o teor de açúcar [44]:

O teor de açúcar em relação aos graus Brix pode ser encontrado no Quadro 1.3. A escala Brix é linear, o que significa que o aumento da gravidade específica corresponde diretamente ao aumento da concentração de açúcar.

Quadro 1.3 Cálculo dos graus Brix

Gravidade específica (SG)	Graus Brix (°Bx)
1.0000	0° Brix
1.0200	4,0° Brix
1.0300	6,0° Brix
1.0400	8,0° Brix
1.0500	10,0° Brix
1.0600	12,0° Brix
1.0700	14,0° Brix
1.0800	16,0° Brix
1.0900	18,0° Brix
1.1000	20,0° Brix
1.1100	22,0° Brix
1.1200	24,0° Brix
1.1300	26,0° Brix
1.1400	28,0° Brix

1.8.12 Acidez total

As normas comerciais exigem que o sumo tenha um nível de acidez de cerca de 0,6-0,9%. Os vinhos de mesa secos apresentam normalmente uma acidez titulável dentro do mesmo intervalo, enquanto os vinhos doces e de sobremesa variam normalmente entre 0,4-0,65%.

Os produtores de vinho devem determinar a acidez titulável para calcular a quantidade correta de dióxido de enxofre a adicionar. Além disso, nos Estados Unidos, os mostos podem ser diluídos com água para reduzir a acidez excessiva, assegurando que não desça abaixo de 0,5%. A acidez titulável é utilizada durante os processos de vinificação e acabamento para padronizar os vinhos e detetar alterações indesejáveis causadas por bactérias, leveduras ou outros factores.

Os ácidos presentes nos mostos e nos vinhos, como o tartárico, o málico, o lático, o acético e outros, são ácidos orgânicos relativamente fracos. Por conseguinte, quando os mostos e os vinhos são titulados com uma base forte, o verdadeiro ponto final situa-se acima de 7,0, geralmente entre 7,8 e 8,3. O procedimento seguinte, aprovado pela Sociedade Americana de Enólogos e pela AOAC, estabelece o ponto final da titulação em pH 8,2 [44].

1.8.13 pH

Nos sistemas biológicos, o pH tem frequentemente maior significado do que a acidez total. É particularmente crucial devido à sua influência sobre os microrganismos, a cor, o sabor, o potencial redox e a relação entre o dióxido de enxofre livre e o combinado. Para os mostos de vinho de mesa, o pH deve variar entre 3,1 e 3,6, enquanto que para os vinhos de sobremesa, pode ir de 3,4 a cerca de 3,8. Alguns mostos da Califórnia, provenientes de uvas de mesa pouco ácidas, podem atingir um pH superior a 4,00 no final da vindima. A colheita da uva deve ter em conta estes limites. Geralmente, o pH de um vinho novo, isento de dióxido de carbono, é superior ao do mosto correspondente.

Os vinicultores frequentemente ignoram a importância crítica de medir o pH do vinho. Está intimamente relacionado com a resistência às doenças, a tonalidade da cor, o sabor, a proporção de dióxido de enxofre total no seu estado livre e a suscetibilidade à turvação causada pelo fosfato de ferro, entre outros factores. Mais importante ainda, o pH afecta significativamente a resistência às doenças. Os vinhos de mesa devem ter um pH inferior a 3,6 e os vinhos de sobremesa inferior a 3,8.

É importante notar que não existe uma relação direta ou previsível entre o pH e a acidez titulável. Brémond encontrou uma relação empírica entre o pH e a relação bitartarato de potássio/ácido tartárico total, indicando que o pH depende principalmente do grau de neutralização do ácido tartárico. No entanto, não existe informação suficiente sobre os factores que influenciam a migração do potássio no interior do fruto durante a maturação. Amerine e Winkler observaram que isto varia consoante a casta e, em menor grau, consoante o ano [20].

O pH de um mosto ou de um vinho pode ser medido com um medidor de pH. Na maioria dos casos, uma precisão de ±0,03 unidades de pH é suficiente e pode ser obtida com medidores de pH padrão. A calibração do medidor de pH deve utilizar uma solução saturada de bitartarato de potássio, que tem um pH de 3,55 a 20°C ou 3,56 a 25°C. O pH também pode ser determinado colorimetricamente utilizando corantes orgânicos, embora este método só seja adequado para mostos de cor clara e seja menos preciso do que os métodos potenciométricos [44].

1.8.14 Ácido acético

O ácido acético é responsável pela acidez volátil. É um subproduto natural da fermentação alcoólica, com um ligeiro aumento do seu teor durante a fermentação maloláctica. A sua presença torna-se facilmente detetável pelo cheiro em casos de deterioração bacteriana [20, 53].

1.8.15 Dióxido de enxofre

A utilização do dióxido de enxofre como agente antissético na vinificação remonta à antiguidade. Inicialmente, o gás era obtido através da queima do enxofre. No entanto, devido às dificuldades em medir com exatidão a quantidade de dióxido de enxofre produzida ou absorvida pelo vinho, são atualmente utilizadas fontes alternativas. As mais comuns são o metabissulfito de potássio, as garrafas de gás de dióxido de enxofre comprimido e as soluções de dióxido de enxofre em água.
Quando o dióxido de enxofre se dissolve na água, existe como bissulfito ($HSO_{(3)}$-), sulfito ($SO_{(3)^{2-}}$), ou SO_2. Estudos demonstraram que o ácido sulfuroso (H_2SO_3) não existe de forma autónoma. Nos mostos e nos vinhos, o ião bissulfito reage com o acetaldeído para formar acetaldeído-hidroxi-sulfonato (também conhecido como complexo bissulfito). Reage também com açúcares aldose como a glucose, o ácido glioxílico, o ácido pirúvico, o ácido α-cetoglutárico, alguns compostos insaturados e compostos fenólicos como os ácidos cafeico e p-cumárico. Todo o dióxido de enxofre que reage desta forma é referido como dióxido de enxofre combinado, enquanto o restante permanece como dióxido de enxofre livre [44].

1.8.16 Técnica de prova de vinhos

Uma vez que os sentidos percebem as sensações e o cérebro processa esses dados, a prova de vinhos deve ser realizada num ambiente adequado para garantir os resultados mais objectivos possíveis. A sala de provas deve ser branca e suficientemente bem iluminada para evitar interferências na perceção das cores. Também deve estar livre de odores estranhos e os provadores devem sentir-se confortáveis e descontraídos. As principais ferramentas para este processo são os copos de vinho [37, 38].

Os copos devem ser de vidro transparente e liso, com formas e dimensões padronizadas. Os vinhos devem ser servidos à temperatura ideal, seguindo a seguinte ordem: primeiro os brancos, depois os rosés, os tintos jovens e, por fim, os tintos envelhecidos.

A prova de vinhos envolve fases específicas que devem ser sempre seguidas, utilizando uma terminologia comum para que os resultados sejam compreensíveis para todos. As descrições devem ser precisas e evitar embelezamentos desnecessários que, embora poéticos, não reflectem com exatidão a análise. Os copos devem ser segurados pela haste e não pela taça, para evitar que a mão aqueça o vinho e altere a libertação de compostos voláteis (uma vez que os aromas são voláteis) em condições diferentes das especificadas [54].

Nesta fase visual, o "disco" (superfície) do vinho é observado para avaliar se é brilhante ou baço. Em seguida, o copo é levantado ao nível dos olhos para examinar a cor e a tonalidade do vinho, o que pode fornecer informações preliminares sobre a sua juventude ou idade. A limpidez e a fluidez são igualmente avaliadas e, rodando o vinho, é possível observar a formação de "lágrimas" ou "pernas" de certa viscosidade que deslizam pelas paredes do copo. A sua persistência e o seu tamanho estão frequentemente relacionados com o corpo do vinho e o seu teor de glicerol [55, 56].

Nesta fase, é também avaliada a presença de bolhas. Se houver bolhas, o vinho pode ser um vinho espumante (com muitas bolhas que atingem a superfície) ou um vinho "frizzante" (com poucas bolhas que não atingem a superfície). Os vinhos recentemente fermentados podem também apresentar bolhas de dióxido de carbono produzidas durante a fermentação.

As seguintes caraterísticas são avaliadas durante a fase visual:

- Tonalidade: O atributo da aparência de um vinho correspondente ao espetro visível da luz reflectida pelo vinho.
- Clareza: O grau de turvação ou nebulosidade do vinho.
- Lágrimas (Pernas): Vestígios que se formam nas paredes interiores do copo, sob a forma de gotas que caem lentamente, depois de serem revestidas com vinhos com elevado teor de álcool e glicerol.

Nesta fase olfactiva, o vinho é inicialmente cheirado com o copo em repouso para identificar os seus aromas mais subtis. Em seguida, o copo é suavemente agitado para libertar compostos aromáticos menos voláteis e detetar quaisquer potenciais odores estranhos. Se for necessária uma maior clareza, o vinho é arejado com um movimento de rotação mais vigoroso. Estas três etapas ajudam a determinar a intensidade e o tipo de aromas presentes. Recomenda-se que se abra a rolha do vinho pelo menos 30 minutos antes da prova, para permitir que o líquido areje e dissipe quaisquer odores "fechados" não relacionados com as caraterísticas intrínsecas do vinho.

Caraterísticas avaliadas:

- Frutado: Um vinho com um agradável aroma a fruta, indicando uvas de alta qualidade e bem maduras.
- Vegetal: Um vinho com aromas e sabores que lembram plantas.

Durante a fase gustativa, toma-se um pequeno gole de vinho e espalha-se pela língua para permitir que todas as papilas gustativas detectem os diferentes sabores. Simultaneamente, o ar é introduzido na boca com o vinho e expirado pelo nariz para re-experimentar os aromas através da via retronasal. Esta fase avalia o ataque do vinho (impressão inicial), o paladar (a sensação à medida que se move pela boca), o travo e os aromas retronasais.

Caraterísticas avaliadas:

- Corpo: Uma caraterística ligada ao teor alcoólico, extrato seco e outros elementos de sabor difíceis de definir. Um vinho com corpo tem um sabor que ocupa totalmente o paladar.

- Vinagre: Um vinho com excesso de ácido acético, resultando num sabor azedo, semelhante ao do vinagre.

- Amargo: Este sabor tem frequentemente origem em sais químicos, extractos de plantas ou substâncias corantes que perdem força durante a maturação. Pode também resultar de um problema bacteriológico conhecido como amargor.

- Maturação: O momento ótimo de colheita. A maturação industrial refere-se ao ponto em que o teor de açúcar por unidade de área é mais elevado, enquanto a maturação aromática corresponde ao pico de concentração de aromas primários na uva, ocorrendo 5 a 7 dias antes da maturação industrial.

- Adstringência: Uma sensação tátil de secura, rugosidade e aspereza nos tecidos da boca causada pelos taninos. Este efeito resulta da interação entre os taninos e as proteínas da saliva, formando complexos proteína-polifenol que reduzem as propriedades lubrificantes da saliva [42].

1.9 Processo industrial de produção de vinho tinto com a casta Tempranillo

Fluxograma do processo industrial de produção de vinho tinto:

- Colheita

As uvas são colhidas no ponto ótimo de maturação com base no açúcar, acidez e conteúdo fenólico.

- Seleção e desengace

As uvas são selecionadas para eliminar as folhas, os caules e os bagos danificados. Os caules são separados.

- Trituração e prensagem

Durante o esmagamento, os bagos de uva são separados dos engaços (desengace). Um esmagador Cingano Limena-Padova processa as uvas, após o que o mosto é transferido para uma prensa horizontal Bucher (3000 kg de capacidade) com uma pressão de 30 psi. Obtém-se assim cerca de 72% de sumo.

- Bombagem (Remontage)

Esta prática fundamental, especialmente para o envelhecimento de vinhos tintos, homogeneíza o mosto com sulfitos, leveduras e enzimas adicionados. As remontagens também arejam o mosto para evitar a acetificação e a sufocação das leveduras. Normalmente, são efectuadas 1-2 remontagens por dia, envolvendo 1/4 a 1/5 do volume da cuba.

Para uma remontagem eficaz, o mosto é transferido para um depósito vazio, deixando apenas a tampa. Em seguida, o mosto é reintroduzido no depósito inicial, rompendo a tampa para evitar o endurecimento.

- Deve

O mosto é obtido a partir de uvas frescas da casta Tempranillo por esmagamento e escorrimento (ou prensagem) antes do início da fermentação. No biorreactor, a matéria-prima (uvas tintas da casta Tempranillo) com 72 horas de contacto foi previamente submetida a um processo de controlo de qualidade, eliminando ao máximo os engaços, as folhas verdes, as sementes e as uvas verdes.

- Leveduras

As leveduras, normalmente fungos ascomicetos unicelulares, desenvolvem-se tanto em ambientes oxigenados como anaeróbicos. Fermentam os açúcares anaerobicamente para produzir etanol, enquanto que na presença de oxigénio oxidam os açúcares em dióxido de carbono. As principais espécies incluem Saccharomyces cerevisiae, essencial para a fermentação alcoólica:

Açúcar + levedura → etanol + dióxido de carbono + energia + outros compostos orgânicos

Este processo deve ocorrer a temperaturas controladas, uma vez que a levedura morre acima dos 25 °C-30°C. Para além deste limite, as bactérias podem estragar o vinho.

➢ Saccharomyces cerevisiae

Este fungo unicelular é essencial para aplicações industriais, como a produção de cerveja, pão e vinho, devido à sua capacidade de gerar dióxido de carbono e etanol durante a fermentação. Desenvolve-se em meios ricos em açúcar (por exemplo, D-glucose). Em condições de limitação de nutrientes, muda para vias metabólicas alternativas, renunciando à fermentação para maximizar o rendimento energético.

Como organismo modelo em estudos eucarióticos, *S. cerevisiae* oferece vantagens como a facilidade de cultivo e a rápida divisão celular (~2 horas)

- Deve ser higienizado

Uma vez obtido o mosto, este é higienizado com metabissulfito de potássio, um aditivo enológico que evita a oxidação e inibe o crescimento de leveduras e bactérias selvagens.

- Clarificação e filtragem

Após a fermentação, à medida que o vinho arrefece, os sólidos precipitam-se. O vinho é transferido para tanques de armazenamento para clarificação, filtração e, por vezes, mistura. As partículas em suspensão e as bactérias, que podem estragar o vinho, são removidas durante estas etapas: 1. Clarificação: Os agentes coloidais (gelatina, albumina de ovo, caseína) floculam e sedimentam os sólidos. 2. Filtração: Filtros de poros finos eliminam a turvação. A primeira trasfega elimina o dióxido de carbono e o sulfureto de hidrogénio, oxigenando o vinho para o seu desenvolvimento posterior.

A mistura de vinhos de diferentes variedades pode otimizar a cor, o aroma e o sabor.

- Engarrafamento e conservação

Esta pré-comercialização implica uma higiene rigorosa das garrafas e rolhas de alta qualidade para evitar a sua deterioração. Para os vinhos envelhecidos, as garrafas são armazenadas horizontalmente, assegurando que a rolha permanece húmida e hermética para evitar a oxidação. O envelhecimento em garrafa realça os aromas e reduz a adstringência [42].

A figura 1.1 apresenta o fluxograma do processo de produção industrial de vinho tinto a partir de uvas tintas da casta Tempranillo.

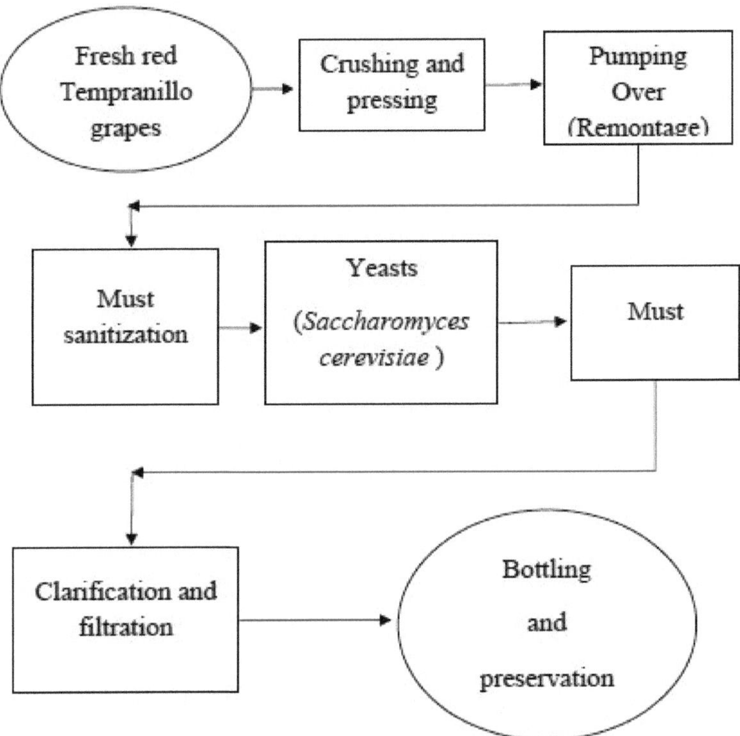

Figura 1.1 Fluxograma do processo de produção industrial de vinho tinto a partir de uvas tintas da casta Tempranillo

CAPÍTULO 2: MÉTODOS

2.1 Fases da investigação

2.2 Fase 1: Caracterização físico-química do mosto e do vinho tinto em diferentes tempos de contacto

Um total de 40 kg de uvas tintas Tempranillo, provenientes da quinta Mirabello, localizada no município de Mara, no estado de Zulia, foi utilizado para o estudo. As uvas foram divididas em quatro bioreactores, cada um carregado com 10 kg, para conduzir a fermentação.

- Pré-tratamento das amostras:

As uvas foram prensadas manualmente em condições sanitárias adequadas. Foram pré-estabelecidos tempos de contacto de 42 h, 52 h, 62 h e 72 h, com um intervalo de 10 horas entre cada um. Foi efectuada uma etapa de controlo de qualidade para o biorreactor designado para o tempo de contacto de 72 horas. Esta etapa consistiu em retirar o maior número possível de ráquis, folhas verdes, sementes e uvas verdes. O vinho proveniente deste biorreactor destinava-se a ser comparado com produtos disponíveis no mercado.

Em todos os bioreactores, foram adicionados 2 gramas de levedura Saccharomyces cerevisiae. Os biorreactores foram selados com folha de alumínio espessa para minimizar o arejamento, que poderia promover o crescimento de bactérias acéticas. Esta configuração permitiu uma troca controlada entre dióxido de carbono (CO_2) e oxigénio (O_2) em quantidades mínimas, garantindo uma fermentação adequada. Os bioreactores foram mantidos numa câmara de armazenamento a uma temperatura constante de 16°C.

Diariamente, cada biorreactor era aberto para agitar suavemente o mosto, a fim de favorecer a extração da cor. Após as primeiras 42 horas de contacto, as uvas foram prensadas e o mosto foi transferido para um recipiente de 5 litros. A cada recipiente foram adicionados 0,1 gramas de metabissulfito de sódio. Uma rolha de algodão e gaze foi colocada firmemente no gargalo do recipiente para continuar a troca de CO_2-O_2 e sustentar o processo de fermentação.

Este mesmo procedimento foi repetido para os bioreactores com tempos de contacto de 52, 62 e 72 horas.

O sistema onde ocorre o bioprocesso está representado na Figura 2.1, e seu funcionamento está ilustrado na Figura 2.2.

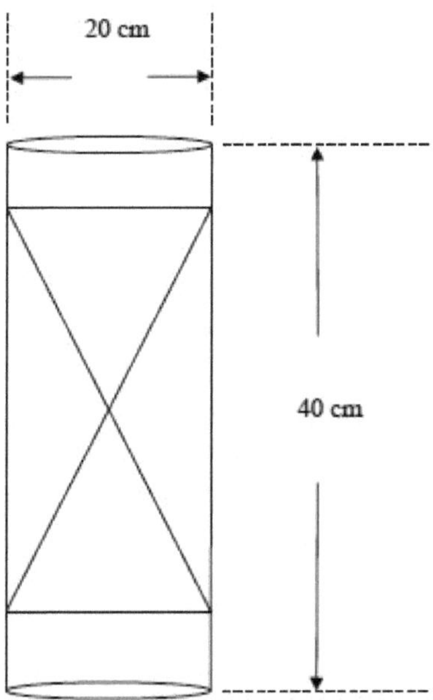

Figura 2.1 Bioreactor aeróbio

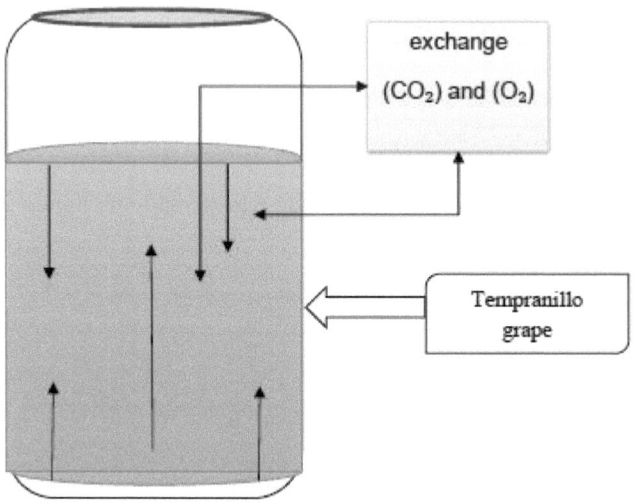

Figura 2.2 Representação gráfica do funcionamento do bioreactor e do bioprocesso

Foram adicionados dois gramas de levedura *Saccharomyces cerevisiae* a cada bioreactor. Os biorreactores foram depois selados com folha de alumínio espessa para limitar o arejamento, que poderia promover o crescimento de bactérias acéticas. Esta configuração permitiu uma troca controlada de dióxido de carbono (CO_2) e oxigénio (O_2) com uma exposição mínima ao ar, permitindo a ocorrência do processo de fermentação. Os bioreactores foram armazenados numa câmara a uma temperatura constante de 16°C.

Todos os dias, os biorreactores eram abertos para agitar suavemente o mosto, garantindo uma melhor extração da cor. Após as primeiras 42 horas de contacto, as uvas foram prensadas e o mosto foi transferido para um recipiente de 5 litros. Adicionou-se metabissulfito de sódio (0,1 gramas) a cada recipiente. Colocou-se uma rolha de algodão e gaze no gargalo do recipiente, mantendo a troca controlada de CO_2-O_2 necessária para a fermentação. Este procedimento foi repetido para os biorreatores com 52, 62 e 72 horas de tempo de contacto.

Os recipientes foram mantidos à mesma temperatura de 16°C. O processo de fermentação durou aproximadamente 10 dias. Durante este período, foram efectuadas análises físico-químicas, incluindo medições de pH, graus Brix, acidez total e percentagem de ácido acético, desde a fase inicial até à fase final da fermentação.

Figura 2.3 Amostras engarrafadas

- Medição de pH

Materiais e reagentes:

100 ml de mosto para cada amostra

- ✓ Copos
- ✓ Medidor de pH

Procedimento:

O medidor de pH (Horiba LAQUA F-74-S) foi calibrado com soluções-tampão de pH 7 e pH 4, de acordo com as instruções do fabricante. Uma vez calibrado, foram preparados quatro copos com 100 ml de mosto cada. O elétrodo foi imerso gradualmente em cada amostra durante cerca de 15 segundos, assegurando que a temperatura da amostra era o mais próxima possível de 20°C para minimizar as variações de pH relacionadas com a temperatura. Entre as leituras, o elétrodo foi lavado com água destilada e seco suavemente com papel de filtro para proteger a membrana do elétrodo.

Este procedimento foi repetido para amostras de mosto com tempos de contacto de 42 h, 52 h, 62 h e 72 h.

Figura 2.4 Medição do pH de cada amostra com um medidor de pH

- Medição da acidez total

Materiais e reagentes

- ✓ Indicador de fenolftaleína
- ✓ Pipeta de 5 ml
- ✓ Bureta
- ✓ Solução de NaOH 0,1N
- ✓ Copos
- ✓ Barra de agitação magnética
- ✓ Suporte universal
- ✓ Agitador mecânico

Procedimento:

Introduziu-se uma amostra de 5 ml de mosto num copo e diluiu-se com água destilada até um volume final de 50 ml. Adicionaram-se quatro gotas de fenolftaleína como indicador. A amostra foi titulada com uma solução de hidróxido de sódio (NaOH) 0,1N até se observar uma coloração rosa persistente. Este procedimento foi realizado para cada amostra de mosto para determinar a acidez total nos diferentes tempos de contacto.

- Cálculo:

A acidez titulável é expressa em ácido tartárico (g/100 mL) do seguinte modo

$$\text{Tartaric Acid, (g/100 mL)} = \frac{(V)(N)(75)(100)}{(1.000)(v)}$$

Onde:

V = Volume de hidróxido de sódio consumido na titulação (mL).
N = Normalidade da solução de hidróxido de sódio.
75 = Fator de conversão para exprimir a acidez em ácido tartárico.
100 = Conversão para g/100 mL.
1.000 = Densidade do vinho (assumida como 1 g/mL).
v = Volume da amostra de vinho (mL).

Este mesmo procedimento foi realizado para todas as amostras de mosto com 42 h, 52 h, 62 h e 72 h de contacto.

- Medição dos graus brix

Materiais e reagentes:

- ✓ Refratómetro digital com visor LED.
- ✓ Água destilada.
- ✓ Papel absorvente.

Procedimento:

Adicionaram-se duas gotas do mosto a analisar ao prisma de amostragem. Premir o botão de início e ler o valor do grau Brix com o refratómetro digital com visor LED (Hanna Instruments Hi 96801 Digital Range). Entre amostras, o prisma foi limpo com água destilada e seco com papel absorvente.

Este mesmo procedimento foi realizado para todas as amostras de mosto com 42 h, 52 h, 62 h e 72 h de contacto.

- Medição do ácido acético

Materiais e reagentes:

- ✓ Indicador de fenolftaleína.
- ✓ Pipeta de 5 mL.
- ✓ Bureta.
- ✓ Solução de NaOH 0,1N.
- ✓ Copos.
- ✓ Íman agitador.
- ✓ Suporte universal.
- ✓ Agitador mecânico.

Procedimento:

Seguiu-se o mesmo procedimento utilizado para a análise da acidez titulável, exceto que 1 mL de cada amostra foi diluído para 50 mL com água destilada. A titulação foi efectuada até se observar uma cor rosa muito pálida.

Cálculo:

$$\text{Ácido acético: } X \times 0.6$$

Onde:

X = Volume de hidróxido de sódio consumido durante a titulação (mL).
0,6 = Fator para exprimir o teor de ácido acético em percentagem.

Este procedimento foi realizado para todas as amostras de vinho com 42 h, 52 h, 62 h e 72 h de contacto, incluindo o vinho tinto produzido no Centro de Viticultura.

- Medição do teor alcoólico do vinho tinto por ebuliometria

Materiais e reagentes:

- ✓ Tubos de ensaio.
- ✓ Termómetro de mercúrio.
- ✓ Ebuliómetro (GAB Ebu Classic Ref. 1010056).
- ✓ Queimador de álcool.
- ✓ Isqueiro.
- ✓ Água.

Procedimento:

O termómetro foi colocado no interior do tubo de ensaio, que foi depois enchido com vinho. O ebuliómetro foi enchido com água para servir de banho-maria. Acende-se um bico de álcool e observa-se o termómetro até o vinho atingir o ponto de ebulição e a temperatura estabilizar. A temperatura registada foi comparada com uma tabela de referência do ponto de ebulição e do teor alcoólico.

- Medição do dióxido de enxofre livre (SO_2)

Materiais e reagentes:

- ✓ Solução de H_2SO_4 com 90% de pureza.
- ✓ Iodo.
- ✓ Amido solúvel.
- ✓ Cilindro graduado.
- ✓ Suporte universal.
- ✓ Copos.
- ✓ Água.
- ✓ Gelo.

- ✓ Balde.
- ✓ Lanterna.
- ✓ Íman agitador.
- ✓ Agitador mecânico.

Preparação da solução de H_2SO_4:

A solução de H_2SO_4 foi preparada na proporção de 1:3. Para cada 666,66 mL de H_2SO_4, foram adicionados 1333,34 mL de água. Dada a quantidade disponível de 212 mL de H_2SO_4 90%, foram adicionados 424,00 mL de água. A água foi adicionada lentamente para evitar o acúmulo de calor, e o recipiente foi colocado em um banho de gelo para estabilizar a reação.

Procedimento para a medição do SO_2 livre no vinho:

Uma vez preparada a solução 1:3 de H_2SO_4, foram colocados 50 mL de amostra de vinho num copo. Adicionaram-se cinco gramas de amido solúvel e 10 mL da solução de H_2SO_4. A mistura foi titulada com iodo até ao aparecimento de uma cor azul intensa, visível com o auxílio de uma lanterna.

Cálculo:

$$SO_2 \text{ livre: } Y \times 64$$

Onde:

Y = Volume de iodo consumido durante a titulação (mL).
64 = Fator de conversão para expressar o SO_2 livre em ppm.

Este procedimento foi realizado para todas as amostras de vinho com 42 h, 52 h, 62 h e 72 h de contacto, incluindo o vinho tinto produzido no Centro de Viticultura.

- Índice de Folin-Ciocalteu (FCI)

Princípio:

Os compostos fenólicos do vinho são oxidados pelo reagente de Folin-Ciocalteu (mistura dos ácidos fosfotúngstico e fosfomolíbdico), dando origem a uma coloração azul proporcional ao teor de fenólicos, mensurável a 750 nm.

Materiais e reagentes:

- ✓ Espectrofotómetro UV-VIS (Mettler Toledo UV7).
- ✓ Pipetas de 1 mL, 5 mL, 10mL e 20 mL.
- ✓ Balão volumétrico de 100 ml.
- ✓ Água destilada.
- ✓ Reagente de Folin-Ciocalteu.
- ✓ Solução de carbonato de sódio a 20% (m/v).

Procedimento:

Num balão volumétrico de 100 mL, foram adicionados, por ordem, os seguintes produtos

1 mL de vinho tinto diluído (1:5 ou 1:10, dependendo da intensidade da cor), 5 mL de reagente de Folin-Ciocalteu, 20 mL de solução de carbonato de sódio e água destilada até 100 mL. O frasco foi agitado para homogeneizar e a mistura foi deixada a estabilizar durante 30 minutos. A absorvância a 760 nm (A_{760}) foi medida numa cuvete de 1 cm contra um branco preparado com água destilada.

Cálculo:

$$FCI = A_{760} \times \text{Fator de diluição} \times 20$$

O mesmo procedimento foi realizado para todas as amostras de vinho com 42, 52, 62 e 72 horas de tempo de contacto, incluindo o vinho tinto produzido no Centro de Viticultura (72 VC).

- Índice de polifenóis totais (IPT):

Princípio

Este índice é obtido através da medição da absorvância do vinho a 280 nm (UV), uma vez que o anel benzénico caraterístico dos compostos polifenólicos tem a sua absorvância máxima neste comprimento de onda.

Materiais e reagentes:

- ✓ Espectrofotómetro UV7-VIS (marca Mettler Toledo).
- ✓ Pipeta de 1 mL.
- ✓ Balões volumétricos de 100 ml.
- ✓ Água destilada.

Procedimento:

O vinho foi diluído 1:100 ml com água destilada, introduzido numa cuvete de quartzo com um percurso ótico de 10 nm e registou-se a absorvância a 280 nm (A_{280}) utilizando água destilada como branco.

Cálculo:

$$\text{TPI} = A_{280} \times 100$$

O mesmo procedimento foi realizado para todas as amostras de vinho com 42, 52, 62 e 72 horas de tempo de contacto, incluindo o vinho tinto produzido no Centro de Viticultura.

- Método dos taninos totais:

Procedimento:

O cálculo foi efectuado com base nos valores do Índice de Polifenóis Totais (IPT) do vinho tinto, utilizando o método anteriormente descrito.

Cálculo:

$$\text{Taninos totais (g/L)} = \text{TPI} \times 0{,}07$$

Em que 0,07 é o coeficiente de extinção molar da cianidina utilizado para exprimir o IPT em termos de concentração de taninos condensados em g/L.

O mesmo procedimento foi realizado para todas as amostras de vinho com 42, 52, 62 e 72 horas de tempo de contacto, incluindo o vinho tinto produzido no Centro de Viticultura.

2.3 Fase 2: Avaliação da adstringência do vinho tinto pelo método da prova

Foi desenvolvido um formato de prova de vinhos, conforme descrito nas Tabelas 2.12 e 2.13, compreendendo três fases de avaliação: a fase visual, a fase olfactiva e a fase gustativa, sendo esta última o foco deste estudo, uma vez que inclui a variável em investigação, especificamente a adstringência. Este método foi efectuado com oito provadores especialistas.

Os vinhos foram sistematicamente dispostos em filas numa mesa, cada um acompanhado do seu copo correspondente. Os provadores entraram na sala de provas e procederam à avaliação dos vinhos, registando as suas observações em folhas de prova. A sessão começou com o vinho que tinha sido submetido a um tempo de contacto de 72 horas, produzido no Centro de Viticultura (72 VC). Este vinho foi utilizado como base ou referência para a avaliação dos restantes vinhos.

Cada órgão sensorial desempenha um papel específico no exame organolético do vinho. Por conseguinte, é fundamental compreender a metodologia utilizada pelos provadores para envolver eficazmente estes diferentes sentidos.

Exame visual:

Tonalidade ou matiz: Observada no ponto de contacto entre o vinho e a parede do copo, inclinando o copo sobre uma superfície branca.

Clareza: Avaliada colocando o vinho entre uma fonte de luz e o olho do provador.

Lágrimas ou Fluidez: Caracteriza-se pela viscosidade do vinho, conseguida através da agitação do vinho no copo. Quando o vinho está em repouso, os seus componentes viscosos (álcool, glicerol, açúcares) aderem às paredes do copo e descem lentamente, formando o que se designa por "lágrimas".

Fase olfactiva:

As notas frutadas e vegetais do vinho foram detectadas através de quatro métodos: cheirar o vinho em repouso, rodar o copo em movimentos circulares, cheirar o copo vazio e avaliação retronasal.

Fase gustativa:

A adstringência e outras sensações foram sentidas na boca, especificamente nas papilas gustativas da língua e nas membranas mucosas. Os provadores receberam porções de queijo Pecorino, um queijo gordo que neutraliza o sabor do vinho que permanece no palato. Isto permitiu uma reposição sensorial antes de avaliar o vinho seguinte.

Uma vez recolhidos todos os dados dos provadores nas fichas de prova, os resultados foram consolidados nos quadros anteriormente apresentados.

Figura 2.5 Avaliação organoléptica das amostras

2.4 Fase 3: Determinação do tempo de contacto ótimo através de comparações físico-químicas e sensoriais no vinho tinto

Nesta secção, todas as análises físico-químicas das amostras de vinho tinto foram revistas, com particular ênfase nos resultados dos taninos totais e dos polifenóis totais. Estes parâmetros são de grande importância, pois fornecem uma indicação geral dos níveis de adstringência das amostras.

Posteriormente, foram efectuadas comparações entre as análises físico-químicas acima mencionadas e as avaliações sensoriais correspondentes a cada vinho. Foi dada prioridade à fase gustativa, especificamente à avaliação da adstringência, uma vez que não existe uma técnica direta capaz de quantificar o grau de adstringência de um vinho.

Com base nestas análises, foi selecionado o vinho com a adstringência mais baixa, sem comprometer a sua qualidade organoléptica global. Este processo permitiu determinar o tempo de contacto ideal a que o vinho deve ser submetido durante o processo de vinificação.

CAPÍTULO 3: RESULTADOS E DISCUSSÕES

3.1 Análise e interpretação dos resultados

Os resultados são apresentados de acordo com cada fase conduzida para atingir o objetivo principal do estudo: determinar o tempo ótimo de contacto mosto-vinha para produzir vinho de baixa adstringência a partir de uvas tintas Tempranillo. A interpretação destes resultados permite conhecer o tempo de contacto necessário durante o processo de vinificação para produzir um vinho com um nível de adstringência apelativo para o consumidor.

Em primeiro lugar, são apresentados os resultados da caraterização físico-química do mosto durante a fermentação em diferentes tempos de contacto. Em seguida, são apresentados os resultados da quantificação dos polifenóis totais do vinho em diferentes tempos de contacto, utilizando os métodos analíticos Índice de Folin-Ciocalteu (FCI) e Índice de Polifenóis Totais (TPI). Da mesma forma, são apresentados os teores de taninos nos vinhos em diferentes tempos de contacto. Por fim, foi efectuado um teste sensorial ou uma prova de degustação com um grupo de provadores treinados, que avaliaram as propriedades organolépticas dos vinhos, com particular ênfase na sua adstringência.

Estes resultados são apresentados principalmente em quadros e gráficos, facilitando a sua análise e interpretação correspondentes.

3.2 Fase 1: Caracterização físico-química do mosto de uva e do vinho tinto em diferentes tempos de contacto

- Caracterização físico-química do mosto de uva

Para a caraterização do mosto de uvas tintas, foram aplicados os métodos explicados no capítulo anterior, obtendo-se os seguintes resultados.

Tabela 3.1 Tempo de contacto vs. pH para diferentes amostras

Tempo de contacto (horas)	pH			
	Amostra	Amostra	Amostra	Amostra 4
42	3.08	3.28	3.51	3.83
52	3.08	3.28	3.51	3.83
62	3.13	3.32	3.66	3.89
72	3.14	3.32	3.67	3.89

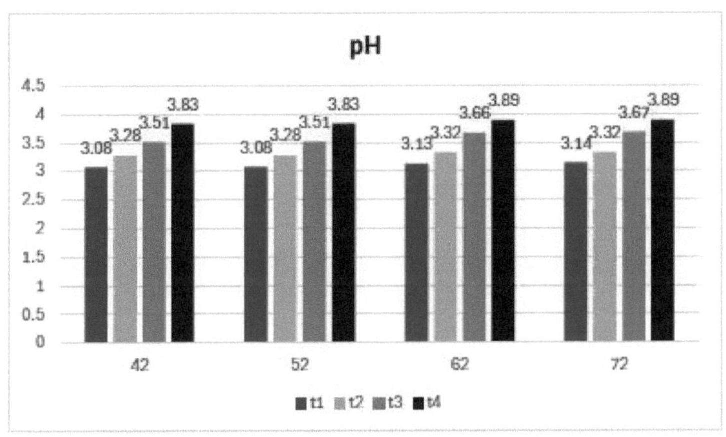

Figura 3.1 Horas de contacto vs. dias (pH)

Tabela 3.2 Tempo de contacto vs. grau Brix para diferentes amostras

Tempo de contacto (horas	Grau Brix			
	Amostra 1	Amostra 2	Amostra 3	Amostra 4
42	17.2	10.03	4.1	-1.5
52	17.2	10.03	4.1	-1.5
62	17.2	10.03	4.1	-1.5
72	17.2	10.03	4.1	-1.5

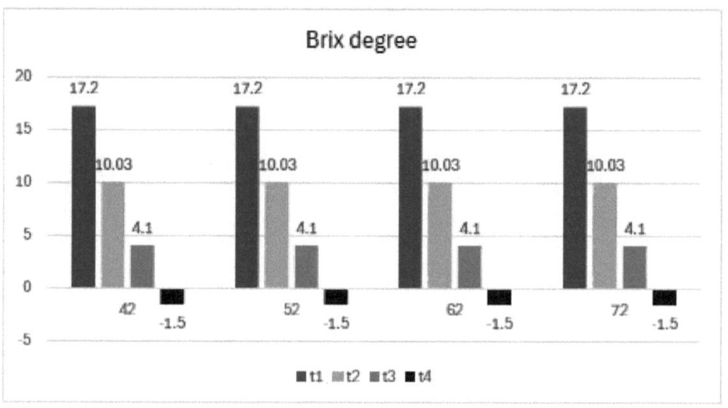

Figura 3.2 Horas de contacto vs. dias (grau Brix

Tabela 3.3 Tempo de contacto vs. acidez total para diferentes amostras

Tempo de contacto (horas)	total			
	Amostra 1	Amostra 2	Amostra 3	Amostra 4
42	11.235	10.671	9.995	9.03
52	11.235	10.523	9.324	8.61
62	11.235	10.506	9.491	8.505
72	11.235	10.121	8.991	8.08

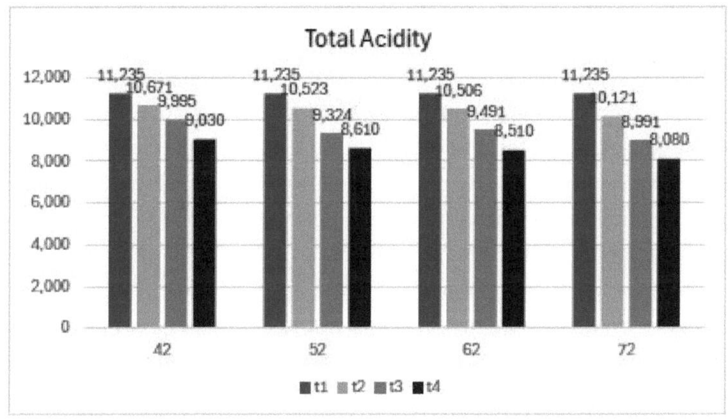

Figura 3.3 Horas de contacto vs. dias (Acidez total)

Análise do comportamento fermentativo da uva tinta Tempranillo:

Ao analisar o comportamento da fermentação da uva tinta Tempranillo nos gráficos apresentados anteriormente, pode observar-se que as quatro amostras apresentam uma tendência relativamente semelhante em termos de pH, grau Brix e acidez total. Isto deve-se ao facto de a mesma uva ter sido utilizada em diferentes tempos de contacto e de a uva ter sido submetida ao mesmo processo de fermentação [19, 57].

Na tabela 3.1, o pH foi medido para diferentes tempos de contacto nos dias 1, 3, 7 e 10 do processo de fermentação. Os valores finais de pH foram considerados, sendo que para os vinhos com 42 e 52 horas de contacto, o pH foi de 3,83, e para os vinhos com 62 e 72 horas de contacto, foi de 3,89. Estes valores situam-se no intervalo de 3,6 a 3,9 estabelecido pelos Critérios do Centro de Viticultura . Se o pH do mosto para os diferentes tempos de contacto se situasse fora deste intervalo, seria necessário rejeitar o mosto e não prosseguir com o processo de vinificação.

Os resultados do quadro 3.2 mostram os valores de grau Brix obtidos para as diferentes amostras. Estes resultados apresentam geralmente valores inferiores a 0, nomeadamente -1,5, o que indica que o processo de fermentação está concluído. Isto significa que o que era mosto se transformou em vinho.

Os valores da Tabela 3.3 permitiram-nos observar a evolução da acidez total ou tartárica dos mostos ao longo do tempo (10 dias de fermentação). Para verificar se a acidez se manteve dentro do intervalo estabelecido, foram considerados os valores finais, que se situaram no intervalo de 8-9 g/100 ml de ácido tartárico. É normal que o vinho não exceda 9 g/ml. Os resultados favoráveis para os diferentes tempos de contacto foram os seguintes: para o vinho com 52 horas de contacto, o valor foi de 8,61 g/100 ml; para o vinho com 62 horas de contacto, o valor foi de 8,505 g/100 ml; e para o vinho com 72 horas de contacto, o valor foi de 8,08 g/100 ml, que foi o mais baixo dentro do intervalo aceitável. O vinho com 42 horas de contacto excedeu o intervalo com um valor de 9,03 g/100 ml de ácido tartárico.

Estas análises físico-químicas preliminares do mosto são de grande importância e são efectuadas com o único objetivo de conhecer o seu estado para decidir se se deve continuar ou parar o processo de vinificação.

- Caracterização físico-química do vinho tinto

Após a conclusão do processo de fermentação de todas as amostras, os mostos foram filtrados. Uma vez terminado o processo de filtração, deixando os vinhos praticamente livres de partículas em suspensão, procedeu-se a uma série de análises. Estas análises foram priorizadas para atingir o objetivo do presente estudo. As análises são as seguintes

Quadro 3.4 Tempo de contacto entre o mosto e a uva vs. teores de ácido acético

Tempo de contacto (Horas)	Ácido acético (%)
42	1.02
52	0.
62	0.96
72	0.

Quadro 3.5 Tempo de contacto entre o mosto e a uva vs. teor alcoólico

Tempo de contacto (horas)	Teor de álcool (GL)
42	8.2
52	8.2
62	8.2
72	8.2

Tabla 3.6 Tempo de contacto entre o mosto e a uva vs. teores de SO_2 livre

Tempo de contacto (horas)	SO_2 livre (ppm
42	19.2
52	19.2
62	18.5
72	19.2

A tabela 3.4 mostra que as quatro amostras estão dentro dos limites admissíveis estabelecidos pelos critérios do Centro de Viticultura, que estabelece limites de 0 % -2% de ácido acético. Este valor é responsável pelo sabor a vinagre (picante) que o vinho tinto pode apresentar. De acordo com os resultados, o vinho com 42 horas de contacto apresentou a percentagem mais elevada em comparação com as outras amostras, com 1,02%. Para os vinhos com 52 e 72 horas de contacto, a percentagem de ácido acético foi a mesma, com 0,9%, enquanto o vinho com 62 horas de contacto apresentou um nível de ácido acético de 0,96%. Por conseguinte, os vinhos com 52 e 62 horas de contacto apresentaram o melhor valor.

A tabela 3.5 reflecte o grau alcoólico presente no vinho tinto, que foi de 8,2 GL para todas as amostras. Este fenómeno ocorre porque foi utilizada a mesma mistura de mosto e uva para todos os tempos de contacto. Da mesma forma, a Tabela 3.6 apresenta os valores de SO_2 livre (ppm) nas amostras. Os valores reportados foram de 19,2 ppm para os vinhos com 42, 52 e 72 horas de contacto, com exceção do vinho com 62 horas de contacto, que apresentou um valor de 18,5 ppm de SO_2 livre. O intervalo estabelecido pelos critérios do Centro de Viticultura é de 20-25 ppm, e nenhum dos vinhos se enquadra nesse intervalo. Para resolver este problema, os valores tiveram de ser corrigidos através da adição de 0,1 gramas de metabissulfito de sódio por 5 litros de vinho para os colocar dentro do intervalo estabelecido.

- Índice de Folin-Ciocalteu (FCI)

Na Tabela 3.7, observou-se que o vinho com maior quantidade de compostos fenólicos foi o com 72 horas de contacto, produzido no Centro de Viticultura (72 VC), com um valor de 58,2. Abaixo desse valor ficou o vinho com 72 horas de contacto, que rendeu um valor de 56,8, seguido pelo vinho com 62 horas de contacto (51,2), o com 52 horas de contacto (28,8) e, por último, o vinho com 42 horas de contacto (28,3).

Observou-se claramente que a carga fenólica dos vinhos aumentava à medida que o tempo de contacto aumentava.

Da mesma forma, a carga fenólica dos diferentes vinhos foi quantificada pelo método TPI.

Quadro 3.7 Resultados do índice de Folin-Ciocalteu (FCI) no vinho tinto

Tempo de contacto (horas)	A_{760}		Índice de Folin-Ciocalteu (FCI)
42	0.283	1:5	28.3
52	0.288	1:5	28.8
62	0.256	1:10	51.2
72	0.284	1:10	56.8
72	0.291	1:10	58.2

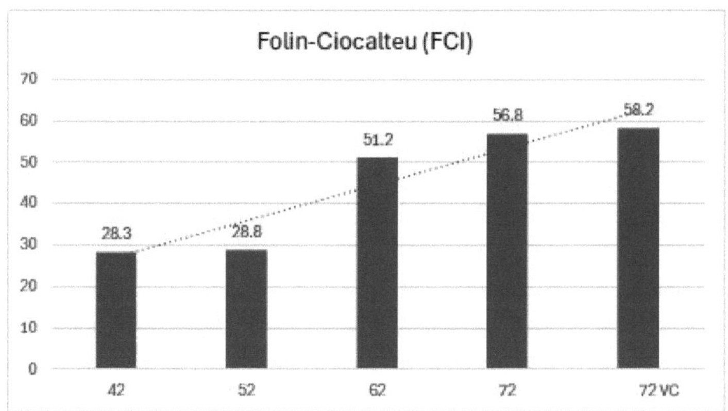

Figura 3.4 Índice de Folin-Ciocalteu para diferentes tempos de contacto

➢ Índice de polifenóis totais (IPT)

A Tabela 3.8 mostra que o vinho com a maior quantidade de polifenóis é aquele com 72 horas de contacto produzido no Centro de Viticultura (72 VC), com um valor de 39,3. Segue-se o vinho com 72 horas de contacto (38,9), o vinho com 62 horas de contacto (37,7), o vinho com 42 horas de contacto (35,6) e, por último, o vinho com 52 horas de contacto (31,6). Este método mostra a tendência para o aumento da carga polifenólica à medida que aumenta o tempo de contacto entre o mosto e a uva, à semelhança dos resultados obtidos pelo método Folin-Ciocalteu. Os vinhos fora do intervalo estabelecido não podem ser destinados ao envelhecimento, pois tendem a oxidar-se rapidamente.

A partir dos resultados obtidos nos testes FCI e TPI, observou-se que todos os valores se mantiveram dentro do intervalo estabelecido pelos critérios do Centro de Viticultura, que é de 20-60, sendo 60 o valor máximo permitido para os compostos fenólicos no vinho tinto. Os vinhos com valores muito elevados, próximos do máximo, demonstram um nível de adstringência relativamente elevado e a sua aceitação depende da zona, região ou país de consumo, pois está diretamente associada à carga de taninos, que está relacionada com os compostos fenólicos. Neste caso, foram utilizados dois métodos para quantificar os compostos fenólicos no vinho tinto, que são os mais utilizados a nível mundial, uma vez que correspondem e fornecem valores relativamente semelhantes. O objetivo de ambos os testes é observar a correspondência e a tendência dos valores.

Quadro 3.8 Resultados do índice de polifenóis totais (IPT) no vinho tinto

Tempo de contacto (horas	A(280	
42	0.356	35.6
52	0.316	31.6
62	0.377	37.7
72	0.389	38.9
72 VC	0.393	39.3

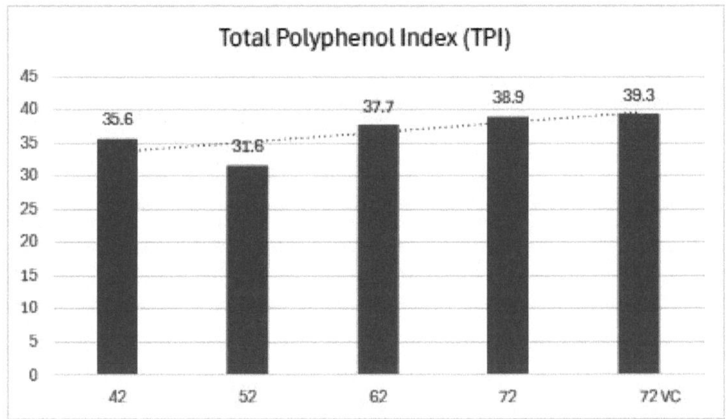

Figura 3.5 Índice de polifenóis totais para diferentes tempos de contacto

Esta figura 3.5 representaria visualmente os dados da Tabela 3.8, mostrando os valores do Índice de Polifenóis Totais (IPT) para os vários tempos de contacto. Pode ser apresentado como um gráfico de barras ou de linhas, com o eixo x a representar os tempos de contacto (42, 52, 62, 72 e 72 horas VC) e o eixo y a mostrar os valores correspondentes do IPT (35,6, 31,6, 37,7, 38,9 e 39,3, respetivamente). O gráfico ilustra o aumento do teor polifenólico à medida que o tempo de contacto aumenta.

Na Tabela 3.9, as concentrações de taninos totais (em g/L) presentes em cada amostra de vinho tinto são mostradas. Cada valor permanece dentro do intervalo estabelecido [42], que é de 1-3 g/L. Observa-se que a maior concentração de taninos totais dentro da gama estabelecida foi no vinho com 72 horas de contacto do Centro de Viticultura (CV), com um valor de 2,751 g/L de vinho tinto. O valor mais baixo obtido foi o do vinho com 52 horas de contacto, com uma concentração de 2,212 g/L de vinho tinto. Claramente, observa-se uma tendência de aumento dos taninos totais à medida que o tempo de contacto aumenta.

Tabela 3.9 Resultados da determinação dos taninos totais.

Tempo de contacto (horas)		Taninos totais (g/L
42	35.6	2.492
52	31.6	2.212
62	37.7	2.639
72	38.9	2.723
72	39.3	2.751

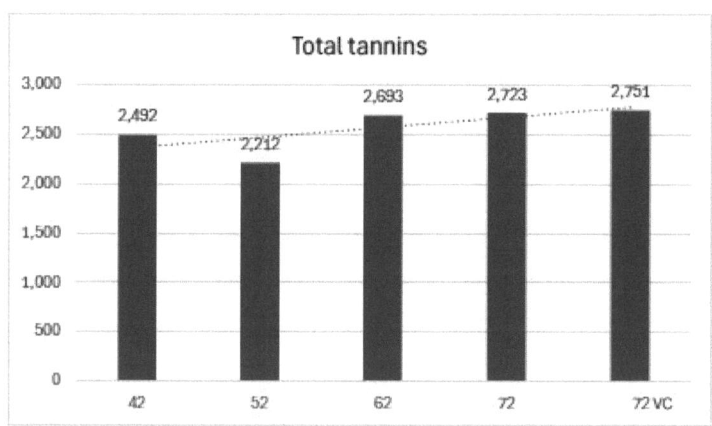

Figura 3.6. Taninos totais (g/L) para diferentes tempos de contacto

3.3 Fase 2. Avaliar o nível de adstringência do vinho tinto utilizando o método de prova

Para a avaliação dos vinhos com diferentes tempos de contacto, os resultados obtidos a partir de uma avaliação efectuada por um grupo de provadores foram organizados em tabelas, partindo da fase visual, passando pela fase olfactiva e concluindo com a fase gustativa. Nesta última fase, foi dada uma ênfase particular à avaliação da adstringência presente nos vinhos tintos com diferentes tempos de contacto, que é o foco da nossa análise.

- Fase visual

Tabela 3.10. Classificação modal para a tonalidade

	Frequência				
	42	52	62	72	72 VC
1	0	0	0	0	0
2	2	0	0	0	0
3	1	6	3	1	2
4	3	1	4	1	3
5	2	1	1	6	3
	4	3	4	5	4.5

Quadro 3.11. Classificação modal da clareza

	42	52	62	72	72 VC
1	0	0	0	0	0
2	0	0	0	0	0
3	1	1	1	2	0
4	7	7	5	3	4
5	0	0	2	3	4
	4	4	4	4.5	4.5

Tabela 3.12. Classificação modal dos rasgões

Classificação	42	52	62	72	72 VC
1	2	1	1	0	1
2	1	3	0	0	1
3	4	3	6	2	2
4	1	1	1	6	2
5	0	0	0	0	2
	3	2.5	3	4	4

➢ Fase olfactiva

Quadro 3.13 Classificação modal do frutado

	Frequência				
Classificação	42	52	62	72	72 VC
1	0	0	1	0	0
2	3	1	0	0	0
3	3	3	4	3	2
4	2	4	3	3	4
5	0	0	0	2	2
	2.5	4	3	3.5	4

Tabela 3.14. Classificação modal para o vegetal

	Frequência				
Classificação	42	52	62	72	72 VC
1	0	0	0	1	0
2	2	2	2	3	3
3	2	2	2	2	1
4	4	4	4	1	4
5	0	0	0	1	0
Modo	4	4	4	2	4

➢ Fase Gustatória

Tabela 3.15. Classificação modal para a carroçaria

	Frequência				
Classificação	42	52	62	72	72 VC
1	1	1	1	0	1
2	2	3	1	0	0
3	4	3	2	2	1
4	1	1	4	5	5
5	0	0	0	1	1
Modo	3	2.5	4	4	4

Tabela 3.16. Classificação modal para o oxidado

	Frequência				
Classificação	42	52	62	72	72 VC
1	1	4	5	5	7
2	4	1	0	2	1
3	1	1	2	1	0
4	2	2	1	0	0
5	0	0	0	0	0
Modo	2	1	1	1	1

Tabela 3.17. Classificação modal do amargor

	Frequência				
Classificação	42	52	62	72	72 VC
1	0	0	1	2	3
2	2	3	2	3	3
3	3	1	3	2	2
4	2	1	2	1	0
5	1	3	0	0	0
Modo	3	3.5	3	2	1.5

Tabela 3.18. Classificação modal do estado de maturação

	Frequência				
Classificação	42	52	62	72	72 VC
1	0	1	0	0	0
2	3	1	0	0	0
3	4	6	4	4	1
4	1	0	4	4	7
5	0	0	0	0	0
Modo	3	3	3.5	3.5	4

Tabela 3.19. Classificação modal da adstringência

Classificação	Frequência				
	42	52	62	72	72 VC
1	0	1	0	1	0
2	2	1	0	1	2
3	3	4	6	3	2
4	3	2	2	3	4
5	0	0	0	0	0
Modo	3.5	3	3	3.5	4

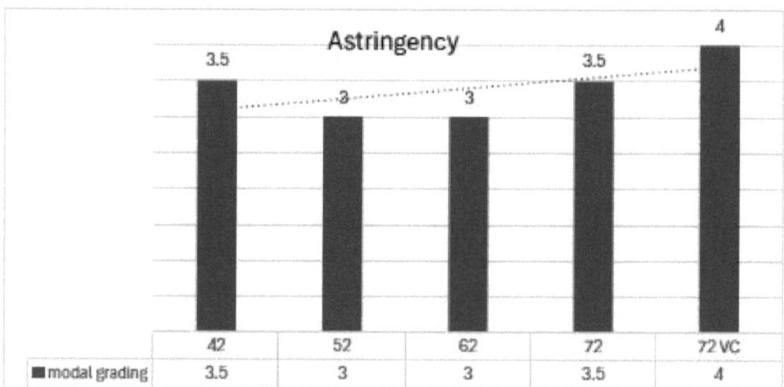

Figura 3.7 Exame sensorial da adstringência

Como se pode verificar, foram recolhidos todos os valores das fichas de prova dos 8 provadores, que foram organizados em tabelas de frequências, como se pode ver nas tabelas anteriores. Estes valores foram depois convertidos em classificações modais. Em caso de empate nas classificações modais por vinho, foi calculada uma média aritmética para desfazer o empate.

Todas as fases organolépticas avaliadas são de grande importância. A adstringência, que pertence à fase gustativa e representa o nosso objeto de estudo, não pode ser tratada separadamente. Por conseguinte, o vinho deve ser avaliado como um todo, considerando todos os seus parâmetros organolépticos para obter uma compreensão mais completa do próprio vinho. Isto será extremamente útil para selecionar o vinho que melhor se adapta ao perfil sensorial desejado, com maior ênfase em adstringência. Neste caso particular, as outras propriedades foram deixadas de lado, pois o objetivo era apenas avaliar a adstringência presente nos diferentes vinhos.

A Tabela 3.19 mostra que o vinho com maior sensação de adstringência, de acordo com os provadores, foi o vinho com 72 horas de contacto, produzido no Centro de Viticultura (72 VC), com um valor modal de 4, com base numa escala de classificação de 1-5 previamente estabelecida. A Figura 3.7 mostra também claramente que tanto os vinhos com 72 horas como os vinhos com 62 horas de contacto atingiram um valor modal de 3,5, representando a adstringência mais baixa na avaliação sensorial. Os vinhos com 52 e 62 horas de contacto, respetivamente, atingiram um valor modal de 3.

A Figura 3.7 mostra claramente a tendência, que é ascendente à medida que os tempos de contacto aumentam. Para escolher um vinho ideal para comercialização, todos os parâmetros organolépticos possíveis devem ser considerados. Para ajudar nesta teoria de seleção do vinho com o melhor perfil sensorial, os dados das tabelas de classificação modal de todas as propriedades organolépticas avaliadas e os seus respectivos tempos de contacto foram usados para gerar gráficos radiais. Estes gráficos fornecem uma melhor visão geral para esta seleção.

Para o efeito, separaram-se as boas propriedades organolépticas, como a tonalidade, a limpidez, a lágrima, o frutado, o corpo e a maturidade, das más, como o vegetal, o oxidado, o amargo e, finalmente, a adstringência. Isto foi feito para que, ao representar graficamente os dados, os valores fossem correspondentes. Não é possível obter uma melhor visão geral misturando boas e más propriedades organolépticas, pelo que se decidiu analisar os perfis sensoriais separadamente.

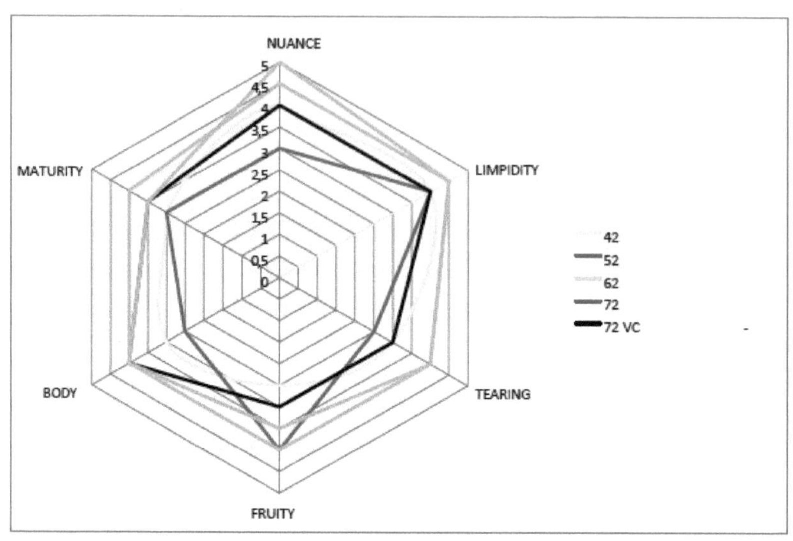

Figura 3.8. Perfil sensorial dos vinhos tintos (Boas propriedades organolépticas)

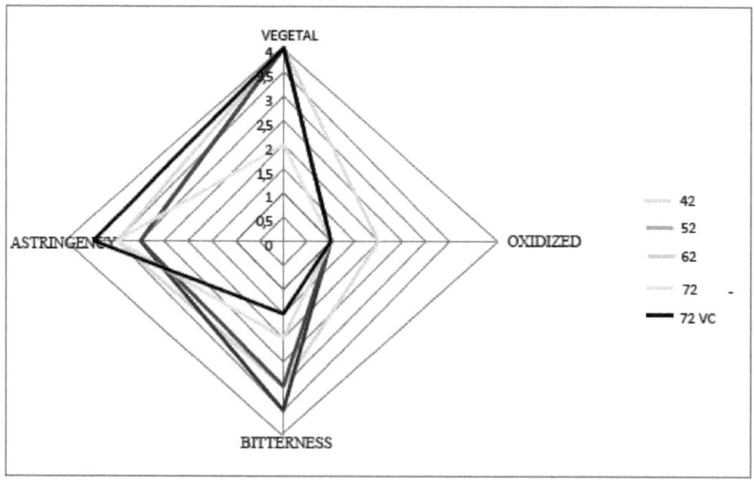

Figura 3.9. Perfil sensorial dos vinhos tintos (Propriedades organolépticas más)

Sabe-se que para o perfil sensorial de boas propriedades organolépticas, quanto mais longe o círculo estiver do centro dentro do gráfico radial, melhor o perfil sensorial.

Pelo contrário, para o perfil sensorial de más propriedades organolépticas, sabe-se que quanto mais próximo o perfil sensorial estiver do centro do gráfico radial, melhor será o perfil sensorial, com especial destaque para o parâmetro de adstringência.

Como se pode ver na figura 3.8, o melhor perfil sensorial para as boas propriedades organolépticas foi obtido pelo vinho correspondente a 52 horas de contacto. No que diz respeito ao perfil sensorial para as más caraterísticas organolépticas, o pior vinho foi o correspondente a 72 horas de contacto, como mostra a Figura 3.9.

3.4 Fase 3. Determinar o tempo de contacto ótimo através de comparações físico-químicas e sensoriais no vinho tinto.

O objeto de análise desta investigação é a adstringência, tendo sido selecionado o vinho com menor adstringência. Para o efeito, foi criado um gráfico (Figura 3.10) que relaciona a análise físico-química, nomeadamente os taninos totais, com a análise sensorial correspondente à adstringência.

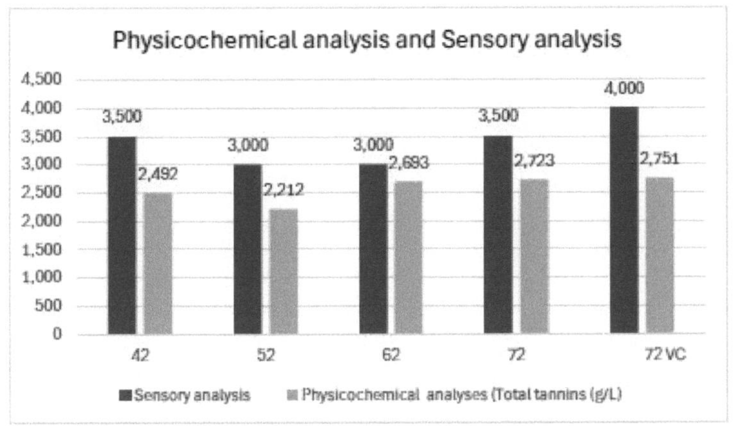

Figura 3.10. Análise físico-química - Análise sensorial

A figura 3.10 foi construída através da fusão dos valores modais da análise sensorial da adstringência com os valores obtidos na determinação dos taninos totais, utilizando um eixo X constante que representa todos os tempos de contacto. As escalas também foram fundidas: a escala utilizada na análise sensorial varia de 1 a 5, enquanto a escala dos taninos totais varia de 1 a 3 g/L.

Observa-se claramente que o vinho com menor adstringência corresponde ao vinho submetido a 52 horas de maceração ou tempo de contacto, pois apresenta a menor concentração de taninos, com um valor de 2,212 g/L de vinho, e a melhor aceitação na análise sensorial da adstringência.

CONCLUSÕES E SUGESTÕES PARA TRABALHOS FUTUROS

Na caraterização físico-química do mosto de uva, verificou-se o seguinte:

- Todos os valores de pH permaneceram dentro do intervalo estabelecido de 3,6-3,9.
- Os valores de acidez total situam-se no intervalo de 8 g/100ml-9 g/100ml, com exceção do vinho com 42 horas de contacto, que ultrapassa o intervalo com um valor de 9,03 g/100ml.
- Os graus Brix para todos os tempos de contacto foram inferiores a zero (0), geralmente cerca de -1,5, indicando que o processo de fermentação tinha terminado.

Na caraterização físico-química do vinho tinto, verificou-se o seguinte:

- As medições de ácido acético (%) permaneceram dentro dos limites de 0%-2%, respetivamente.
- O grau alcoólico (GL) manteve-se constante, com um valor de 8,2 GL.
- Os níveis de SO_2 livre nos vinhos não atingiram o valor mínimo estabelecido de 20 ppm-25 ppm. Foi corrigido pela adição de 0,1 gramas de metabissulfito de sódio para atingir a gama óptima de 20 ppm.
- Os valores de IFC e IPT estavam dentro do intervalo estabelecido de 20-60.
- Os taninos mantiveram-se entre 1g/L-3 g/L, sendo o valor mínimo recomendado de 2 g/L. É importante notar que o vinho com 52 horas de contacto atingiu o valor específico de 2,212 g/L.

- No que diz respeito à análise sensorial, especificamente à adstringência, o vinho com 52 e 62 horas de contacto apresentou uma sensação mais baixa em comparação com os outros , com uma classificação modal de 3. É de salientar que o vinho com a adstringência mais baixa foi o de 52 horas de contacto.

A investigação futura deve centrar-se na consolidação dos seguintes aspectos:

- ✓ Efetuar o controlo de qualidade das uvas antes de serem colocadas nas cubas de maceração.
- ✓ Efectue este mesmo inquérito com outro tipo de casta de uva tinta.
- ✓ Investigar métodos que ajudem a reduzir ou regular a adstringência no processo de vinificação da casta tinta Tempranillo.
- ✓ Estudar a fisiologia microbiana para culturas puras e misturas sob as condições ambientais impostas pela fermentação em estado sólido, tais como cinética de crescimento, produção de metabolitos, vias fermentativas e metabolismo respiratório.
- ✓ Estudar o pré-tratamento do substrato sólido para permitir um bioprocesso eficiente, sem limitações derivadas da sua estrutura físico-química.
- ✓ Conceber biorreactores para fazer face às dificuldades causadas pela combinação do metabolismo microbiano e fermentativo com a dinâmica da transferência de calor, massa e momento dos compostos envolvidos no bioprocesso (água, oxigénio, dióxido de carbono, ácidos, bases, macro e micronutrientes).
- ✓ Estudar a modelação matemática que combina a cinética do crescimento microbiano com os fenómenos de transporte e a estrutura físico-química do substrato sólido.

- ✓ Construir um protótipo de biorreactor para testar experimentalmente os resultados obtidos a partir da modelação matemática e desenvolver as ferramentas necessárias para o aumento de escala para fases sucessivas de planta piloto e níveis industriais para a comercialização dos produtos gerados a partir do bioprocesso estudado.

REFERÊNCIAS

[1] Ferrer, J., & Alejos, R. (2024). Ciência e tecnologia do processamento agroindustrial do caju. Londres, Reino Unido: Novas Edições Acadêmicas.

[2] Machado, J. & Ferrer, J. (2024). Bioreactor de coluna de leito fixo. Londres, Reino Unido: LAP Lambert Academic Publishing.

[3] Ferrer, J., & Silva, V. (2018). Sistema de Análise de Perigos e Pontos Críticos de Controlo (HACCP). Mauritius. Editorial Académica Española.

[4] Ferrer, J., & Acosta, E. (2024). Bioprocessos em Engenharia Química. Londres, Reino Unido: LAP Lambert Academic Publishing.

[5] Ferrer, J. & Medina, A. (2024). Solid-state fermentation. Londres, Reino Unido: Editorial Académica Española.

[6] Ferrer, J., & Alejos, R. (2024). Planta piloto agroindustrial de castanha de caju. Londres, Reino Unido: Novas Edições Acadêmicas.

[7] de Mello, A. F. M., de Souza Vandenberghe, L. P., Herrmann, L. W., et al. (2024). Estratégias e aspectos de engenharia no aumento de escala de biorreatores para diferentes bioprocessos. Systems Microbiology and Biomanufacturing, 4, 365-385.

[8] Ferrer-Gallego, R., Puxeu, M., Nart, E., Martín, L., & Andorrà., I. (2017). Avaliação de vinhos livres de SO_2 de Tempranillo e Albariño produzidos por diferentes alternativas químicas e procedimentos de vinificação. *Food Research International, 102*, 647-657. https://doi.org/10.1016/j.foodres.2017.09.046

[9] González, J. M. (2024). Análise do perfil aromático em vinhos tintos. (Licenciatura em Enologia). Universidade de Valladolid. Campus de Palencia. Espanha.

[10] Gil, L., & León, C. (2021). Projeto e construção de um biorreator de lote agitado e aerado para produção de proteína de célula única. REBIOL, 41(1, 16-22.

[11] Kekelidze, I., Ebelashvili, N., Japaridze, M., Chankvetadze, B., & Chankvetadze, L. (2018). Phenolic antioxidants in red dessert wine produced with innovative technology, Annals of Agrarian Science, 16(1), 34-38. https://doi.org/10.1016/j.aasci.2017.12.005.

[12] Katarina Perić, Marina Tomašević, Natka Ćurko, Mladen Brnčić & Karin Kovačević Ganić. (2024) Abordagens de tecnologia não térmica para melhorar a extração, a fermentação, a estabilidade microbiana e o envelhecimento no processo de vinificação. Ciências Aplicadas 14-15, 6612.

[13] Mohsen Gavahian, Thabani Sydney Manyatsi, António Morata & Brijesh K. Tiwari. (2022) Produção de bebidas alcoólicas assistida por ultrassom: Da fermentação e esterilização à extração e envelhecimento. Comprehensive Reviews in Food Science and Food Safety, 21(6), 5243-5271.

[14] Kelcilene B.R. Teodoro, Maycon J. Silva, Rafaela S. Andre, Rodrigo Schneider, Maria A. Martins, Luiz H.C. Mattoso, Daniel S. Correa. (2024). Explorando o potencial da autofluorescência da celulose para deteção ótica de tanino em vinhos tintos. Carbohydrate Polymers, 324, 121494. https://doi.org/10.1016/j.carbpol.2023.121494.

[15] Perazzini, H., & Bitti, M. T. (2022). Drying of Agro-Industrial Residues for Biomass Applications (Secagem de Resíduos Agro-Industriais para Aplicações de Biomassa). (Editor(es): Shahid-ul-Islam, Aabid Hussain Shalla, Salman Ahmad Khan). Handbook of Biomass Valorization for Industrial Applications (Manual de Valorização da Biomassa para Aplicações Industriais). Scrivener Publishing LLC.

[16] Ramírez Almansa, I. (2024). Tradução e rotulagem na indústria do vinho para a internacionalização do produto. Estudios de Lingüística Universidad de Alicante (ELUA), 42,151-176. https://doi.org/10.14198/ELUA.26947

[17] Macías-Gallardo, F., Castro-Palafox, J., & Ozuna, C. (2024). Mexican Wines: Impact of Geography, Climate, and Soil on the Quality of the Grape and Wine. A Review. ACS Food Science & Technology, 4(7), 1598-1609.

[18] Díez, J. (2024). Plano de negócios para a otimização de elementos únicos em uma instalação industrial. (Mestrado em Engenharia Industrial). ICAI, Universidade Pontifícia Comillas. Madrid, Espanha.

[19] Fernández, V., Berradre, M., Sulbarán, B., Ojeda de Rodríguez, G., & Peña, J. (2009). Caracterização química e conteúdo mineral em vinhos comerciais venezuelanos. Revista de la Facultad de Agronomía. (LUZ), 26, 382-397.

[20] Caldera, X., & Charles, Ch. (2011). Determinação do tempo ótimo de contacto mosto-uva para a produção de vinho de baixa adstringência a partir de uvas tintas tempranillo. (Tese de Bacharelato). Universidade Rafael Urdaneta. Venezuela

[21] Zúñiga, M. C. (2005). Caracterização da fibra alimentar do bagaço e da capacidade antioxidante do vinho, películas e grainhas de uva. (Licenciatura Profissional em Engenharia Agronómica. Especialização: Enologia). Faculdade de Agronomia. Escola de Ciências Agronómicas. Universidade do Chile. Chile.

[22] Pinto, C. R. & Lizama, V. (2024). Efeitos do caulino na qualidade dos vinhos das castas Tempranillo e Marselha. (Mestrado em Enologia). Universidade Politécnica de Valência. Escola de Engenharia Agronómica e do Meio Natural. Espanha.

[23] Aleixandre-Tudo, J. L., Nieuwoudt, H., Aleixandre, J. L., & Du Toit, W. (2018). Análise quimiométrica da composição de compostos fenólicos em amostras de fermentação e vinhos usando diferentes técnicas de espetroscopia de infravermelho. Talanta, 176, 526-536. doi: 10.1016/j.talanta.2017.08.065

[24] Celotti, E., Stante, S., Ferraretto, P., Román, T., Nicolini, G., & Natolino, A. (2020). Tratamentos de ultrassom de alta potência de vinhos

jovens vermelhos: Efeito sobre antocianinas e índices de estabilidade fenólica. Foods, 9(10), 1344. https://doi.org/10.3390/foods9101344

[25] Chengxin Zhu, Yantao Liu, Jinhui Ma, Yongjia Chen, Xianwei Pan, Katsuyoshi Nishinari, & Nan Yang. (2024). Nova visão na caraterização da adstringência do vinho tinto usando o método de tribologia suave. Journal of Texture Studies, 55(1), e12820. https://doi.org/10.1111/jtxs.12820

[26] Libi Chirug, Zoya Okun, Ory Ramon, & Avi Shpigelman. (2018). Íons de ferro como mediadores nas interações pectina-flavonóis. Hidrocolóides alimentares, 84, 441-449. https://doi.org/10.1016/j.foodhyd.2018.06.039.

[27] Ribéreau-Gayon, P., Glories, Y., & Maujean, A. (2003). Tratado de Enologia: Volume II. Química do Vinho, Estabilização e Tratamentos. Ediciones Mundiprensa, Argentina, pp. 177-247.

[28] Aleixandre-Tudo, J. L., Nieuwoudt, H., Aleixandre, J. L., & Du Toit, W. (2018). Análise quimiométrica da composição de compostos fenólicos em amostras de fermentação e vinhos usando diferentes técnicas de espetroscopia de infravermelho. Talanta, 176, 526-536. doi: 10.1016/j.talanta.2017.08.065

[29] Wafa Dridi, & Nicolas Bordenave. Influência da concentração de polissacarídeo nas interações polifenol-polissacarídeo. (2021). Carbohydrate Polymers, 274, 118670. https://doi.org/10.1016/j.carbpol.2021.118670.

[30] Kuhlman, B. A., Aleixandre-Tudo, J. L., Moore, J. P., & du Toit, W. (2024). Perceção da adstringência num contexto de vinho tinto - uma revisão. OENO One, 58(1). https://doi.org/10.20870/oeno-one.2024.58.1.7774

[31] Qinghao Zhao, Guorong Du, Shengnan Wang, Pengtao Zhao, Xiaomeng Cao, Chenyaqiong Cheng, Hui Liu, Yawen Xue, & Xiaoyu Wang.

(2023). Investigando o papel do ácido tartárico na adstringência do vinho. Food Chemistry, 403, 134385.

[32] Ahmad, I., Sadiq, M. B., Liu, A., Benjamin, T. A., & Gump, B. H. (2021). Efeito da Ultrassonicação de Baixa Frequência na Astringência do Vinho Tinto. Journal of Culinary Science & Technology, 21(5), 679-701. https://doi.org/10.1080/15428052.2021.2002228

[33] García, E., Alcalde, E., & Escribano, B. (2017). Efeito da Tanina Enológica na Cor do Vinho Tinto e na Composição dos Pigmentos e Relevância dos Produtos de Fermentação da Levedura. Moléculas, 22, 1-15.

[34] Derrick B. Amoako, & Joseph M. Awika. (2019). Formação de amido resistente através de complexos V intra-helicoidais entre proantocianidinas poliméricas e amilose. Food Chemistry, 285, 326-333. https://doi.org/10.1016/j.foodchem.2019.01.173.

[35] Pinhu Wang, Xiang Ye, Jun Liu, Yao Xiao, Min Tan, Yue Deng, Mulan Yuan, Xingmei Luo, Dingkun Zhang, Xingliang Xie, & Xue Han. (2024). Avanços recentes no mecanismo de transdução do sabor, identificação e caraterização dos componentes do sabor. Food Chemistry, 433, 137282. https://doi.org/10.1016/j.foodchem.2023.137282.

[36] ASTM International. (2024). Definições normalizadas de termos relacionados com a avaliação sensorial de materiais e produtos. Livro anual das normas ASTM. Philadelphia, PA.

[37] Lee, C. B., & Lawless, H. T. (1991). Time-course of adstringent sensations. Actas do 9º Simpósio Internacional de Ciência e Tecnologia Alimentar, 225-238.

[38] Valentova, H. (2002). Estudos de intensidade temporal do sabor da adstringência. Actas do Simpósio Internacional de Ciência Sensorial, 29-37

[39] Gawel, R. (2001). Diferenças de composição e sensoriais nos vinhos Syrah após o escorrimento do sumo para a fermentação. Journal of Wine Research, 12(1), 5-18.

[40] Bate-Smith, E. C. (1973). Haemanalysis of tannins: The concept of relative adstringency. Phytochemistry, 12(4), 907-912.

[41] Chung, K., & Wong, T. Y. (1998). Tannins and humans: Saúde. Food Chemistry, 61(4), 421-464.

[42] Hagerman, A., & Butler, L. (1980). Determination of proteins in tannin-protein complexes (Determinação de proteínas em complexos tanino-proteína). Journal of Agricultural and Food Chemistry, 28(5), 944-947.

[43] Guinard, J.-X. (1997). Estudos preliminares sobre as interações acidez-astringência em soluções-modelo e vinhos. Food Quality and Preference, 8(1), 811-817.

[44] Amerine, M. A., & Ough, C. S. (1976). Análise de vinhos e mostos (pp. 29-31). Zaragoza, Espanha: Editorial Acribia.

[45] Jun Liu, Jin Xie, Junzhi Lin, Xingliang Xie, Sanhu Fan, Xue Han, Ding-kun Zhang, & Li Han. (2023). A base material da adstringência e o efeito desastroso dos polissacáridos: A review. Food Chemistry, 405, Part B 134946.
https://doi.org/10.1016/j.foodchem.2022.134946.

[46] Mario Sergio Pino-Hurtado, M. S. (2023). Influência das manoproteínas nas propriedades organolépticas de diferentes tipos de diferentes tipos de vinho. Revista CENIC Ciencias Biológicas, 54, 132-139. https://www.redalyc.org/articulo.oa?id=181276105013

[47] Beatriz González-Muñoz, Fernanda Garrido-Vargas, Carolina Pavez, Fernando Osorio, Jianshe Chen, Edmundo Bordeu, José A O'Brien, Natalia Brossard. (2021). Adstringência do vinho: mais do que apenas interações tanino-proteína. Journal of the Science of Food and Agriculture, 102(5), 1771-1781.

[48] Fuentes-Verduzco, C., Lugo-García, G., Pérez-Leal, R., & Camacho-Inzunza, F. (2023). Qualidade da variedade de vinho tempranillo cultivada em três vinhedos em Chihuahua, México. Revista de alimentación contemporánea y desarrollo regional, 32(59), e221195. https://doi.org/10.24836/es.v32i59.1195

[49] Susana Soares, Ignacio García-Estévez, Raúl Ferrer-Galego, Natércia F. Brás, Elsa Brandão, Mafalda Silva, Natércia Teixeira, Fátima Fonseca, Sérgio F. Sousa, Frederico Ferreira-da-Silva, Nuno Mateus, & Victor de Freitas. (2018). Estudo da interação de proteínas ricas em prolina salivares humanas com taninos alimentares. Química dos Alimentos, 243, 175-185,

[50] Bañuelos, F., Contreras, M., Carranza, T. y Carranza, C. (2017). Conteúdo fenólico total e capacidade antioxidante de uvas para vinho não nativas cultivadas em Zacatecas México. Agrociencia, Revista del Colegio de Postgraduados, 51(2), 661-671.

[51] Hernández, Fernández y Batista. (2006). Metodologia da investigação. (Quarta edição). McGraw-Hill.

[52] Chen, L., Cepone, L., Tondini, A. y Jeffery, W. (2018). Tióis polifuncionais quirais e seus precursores conjugados na vinificação com cinco clones de Vitis vinifera Sauvignon blanc. J. Agric. Food. Chem, 66: 4674-4682.

[53] Paissoni, M.A., Waffo-Teguo, P., Ma, W. et al. (2018). Investigação química e sensorial das propriedades sensoriais na boca das antocianinas da uva. Scientific Reports, 8, 17098. https://doi.org/10.1038/s41598-018-35355-x

[54] Molino, S., Casanova, N., Rufián, J., & Fernandez, M. (2019). Extratos naturais de madeira de tanino como um ingrediente alimentar potencial na indústria de alimentos. Journal of Agricultural and Food Chemistry, 68(10), 2836-2848. https://doi.

[55] Kizildeniz, T., Pascual, I., Hilbert, G., Irigoyen, J. J., & Morales, F. (2022). A casta Tempranillo Blanco é diferente da Tempranillo Tinto apenas na cor das uvas? Uma revisão actualizada. Plants, 11(13), 1662. https://doi.org/10.3390/plants11131662

[56] Giovanni Maria Franceschetti. (2023). Caracterização sensorial e fenólica do vinho tinto em função do ano de colheita. Um estudo de caso relacionado com os vinhos tintos do Norte de Itália. (Dissertação para obtenção do grau de mestre em Engenharia de Viticultura e Enologia). Universidade de Lisboa. Portugal.

[57] Molero Paredes, T., Guerrero Castillo, R., & Martínez, E. (2007). Caracterização do sistema de produção de uvas para vinho no município de Mara, estado de Zulia, Venezuela. Revista de la Facultad de Agronomía, 24(2), 296-298. http://homolog-ve.scielo.org/scielo.php?script=sci_arttext&pid=S03787818200700020000 9&lng=es&tlng=es

Printed by Books on Demand GmbH, Norderstedt / Germany